August Krause

Amrum

Eine Landeskunde

August Krause

Amrum

Eine Landeskunde

ISBN/EAN: 9783954272204
Erscheinungsjahr: 2012
Erscheinungsort: Bremen, Deutschland

© maritimepress in Europäischer Hochschulverlag GmbH & Co. KG, Fahrenheitstr. 1, 28359 Bremen. Alle Rechte beim Verlag und bei den jeweiligen Lizenzgebern.

www.maritimepress.de | office@maritimepress.de

Bei diesem Titel handelt es sich um den Nachdruck eines historischen, lange vergriffenen Buches. Da elektronische Druckvorlagen für diese Titel nicht existieren, musste auf alte Vorlagen zurückgegriffen werden. Hieraus zwangsläufig resultierende Qualitätsverluste bitten wir zu entschuldigen.

GEOGRAPHISCHE ARBEITEN
Herausgegeben von Dr. WILLI ULE
Professor für Geographie an der Universität Rostock
=========== IX ===========

Die Insel Amrum
Eine Landeskunde

Von

Dr. August Krause

Stuttgart
Verlag von Strecker & Schröder
1913

Inhaltsverzeichnis

	Seite
A. Einleitung	1
B. Lage und Größe der Insel	5
C. Die Bodengestalt	
I. Horizontale Gliederung	7
II. Vertikale Gliederung	16
a) Die Dünen	18
b) Das Kulturland	25
c) Die Marschen	27
d) Der Knipsand	29
D. Der Bodenbau	31
E. Das Klima	42
I. Temperatur	43
II. Luftfeuchtigkeit, Bewölkung und Niederschlag	51
III. Luftdruck und Winde	55
F. Pflanzen- und Tiergeographie	57
G. Die Bewohner	64
H. Wirtschaft und Verkehr	75
I. Die Siedlungen	85

A. Einleitung.

Die Westküste der jütischen Halbinsel zerfällt in zwei Teile, die in Form und Gestalt sich scharf voneinander trennen lassen. Die nördliche Hälfte der Küste, von Esbjerg an, verläuft im wesentlichen glatt; nur einige Fjorde und im Norden eine Rundbucht bieten Abwechslung in dem einfachen Verlaufe der Küste. Wie ganz anders dagegen und wieviel mannigfaltiger erscheint das Küstenbild, wenn wir uns von Esbjerg nach Süden wenden und die politische Grenze zwischen Deutschland und Dänemark überschreiten! Die innere Küstenlinie weicht um 10 bis 20 km zurück, um erst südlich von der Hevermündung wieder nach Westen herauszuspringen. Vor diesem zurückliegenden Küstenstriche liegen regellos hingestreut eine Anzahl von Inseln, die, abgesehen von den dänischen Inseln im Norden, den nordfriesischen Archipel bilden.

Die Veränderung des Küstenbildes erklärt sich durch geologisch-hydrographische Verhältnisse. Durch die positive Niveauschwankung, die die Nordsee im Altalluvium erfahren hat, ist die frühere wahre Küstenlinie, die über den westlichen Rand der äußeren nordfriesischen Inseln zum Eiderstedter Lande verlief, zerstört worden. Das Wasser, von Sturmfluten in seiner vernichtenden Wirkung kräftig unterstützt, drang in die Niederungen ein und vernichtete den größten Teil des Landes. Nur die höchsten Erhebungen blieben als Restinseln erhalten. Reichliche geologische Funde und geschichtliche Zeugnisse beweisen uns den einstigen Zusammenhang der Inseln mit dem Festlande, und so konnte die früher vertretene Ansicht, die nordfriesischen Inseln seien Nehrungen, längst verworfen werden. Die nordfriesischen Inseln bilden die Küstenzone Schleswigs und als solche eine geographische Einheit.

Ein Bestandteil dieser Küstenzone ist die Insel Amrum. Sie hat daher teil an allen geographischen Erscheinungen des nordfriesischen Archipels und des festländischen Küstenstreifens. Solange die einzelnen Küstenglieder noch nicht voneinander getrennt waren, war die Entwicklung des Küstenlandes eng geschlossen. Mit der Trennung aber begann jeder Teil seine eigene, durch die besondere geographische Lage bedingte Entwicklung. Für Amrum begann diese Entwicklung in dem Augenblicke, als es Insel wurde. Unsere erste Frage muss daher lauten: Wann und wie ist Amrum Insel geworden?

Wie eingangs erwähnt, beginnt die Zerstörung Nordfrieslands schon im Altalluvium, spätestens im Jungalluvium zu Beginn des Bronzealters (1500 oder 1000 v. Chr.)[1], da sich seitdem das Land nicht mehr gesenkt hat. Möglicherweise ist Amrum zu dieser Zeit schon Insel geworden. So viel lässt sich nur feststellen, dass Amrum von seinen nördlichen und südlichen Nachbarn, den Halligen und Sylt, schon frühzeitig durch tiefe Wattströmungen getrennt worden ist. Mit Föhr dagegen dürfte Amrum bis in historische Zeit hinein landfest gewesen sein; erst den Sturmfluten ist die Landbrücke zwischen Föhr und Amrum zum Opfer gefallen. Diese Ansicht stützen morphologische wie historische Gesichtspunkte. Für ein junges Alter des Watts zwischen Föhr und Amrum sprechen seine Höhenlage, seine geringe vertikale Gliederung und seine Bodenbeschaffenheit[2]. Ferner machen die zahlreichen Hinweise auf Ländereien zwischen Föhr und Amrum in den Chroniken und Landesbeschreibungen[3] es wahrscheinlich, daß diese nochmalige Verbindung bis ins Mittelalter bestanden hat. Wann die endgültige Trennung erfolgt ist, ist nicht mit Sicherheit festzustellen. Jedenfalls ist Amrum spätestens seit dem 13. Jahrhundert Insel; denn schon König Waldemars Erdbuch vom Jahre 1231 erwähnt Föhr und Amrum als Inseln.

---

[1] Wolff, W., Die Entstehung der Insel Sylt S. 47 Halle a. S. und Westerland a. Sylt 1910.

[2] Vgl. dazu: Meyn, Ludw., Geognostische Beschreibung der Insel Sylt und ihrer Umgebung nebst einer geognostischen Karte S. 130 Berlin 1876.

[3] Viele der Angaben in den Quellen und Darstellungen sind allerdings mit grosser Vorsicht aufzunehmen. So fabelt, um nur ein Beispiel zu erwähnen, Niemann in seiner Landeskunde der Herzogtümer Schleswig, daß „Sylt und Föhr noch bis zu Ende des 14. Jahrhunderts landfest mit der damaligen großen Insel Nordstrand" gewesen seien.

Amrums Entwicklung hat sich also in enger Anlehnung an die der grösseren und bedeutenderen Nachbarinsel Föhr vollzogen. Und auch heute noch gehören beide Inseln eng zusammen. Das erkennt man deutlich zur Ebbezeit. Die Wattebene, die beide Inseln verbindet, erhebt sich, nachdem das Wasser zu den Tiefen und Prielen abgelaufen ist, über den Meeresspiegel, so daß Amrum als Halbinsel von Föhr erscheint. Nach dem Eintritt der Flut aber wird das Watt wieder von Wasser erfüllt: Amrum ist wieder Insel. Dieser Wechsel vollzieht sich zweimal am Tage.

Infolgedessen könnte es zweifelhaft sein, ob man Amrum als Insel oder als Halbinsel aufzufassen hat. Daß Amrum keine Halbinsel ist, geht schon aus der Art der Abgliederung hervor. Denn nur wenige Stunden am Tage, zur tiefsten Ebbezeit, ist Amrum mit Föhr verbunden. Auch das Vorhandensein einer allseitigen, durch die Meereserosion geschaffenen Küstenlinie spricht zweifellos dafür, daß Amrum eine Insel ist. So hat denn auch Penck diese Gattung von amphibischen Landstücken treffend als „temporäre Inseln" bezeichnet[1]. Da man in der Morphologie diese unselbständigen kontinentalen Stücke den Inseln zuweist, so erscheint es auch wünschenswert, sie in die Definition des Wortes „Insel" mit einzubegreifen.

Unter „Insel" versteht man „jede Aufragung, welche sich vom Grunde des Meeres bis über dessen Spiegel erhebt und von letzterem rings umgeben wird"[2]. So sagt Penck; Supan und Wagner sprechen in anderer Fassung dasselbe aus. Diese Definitionen passen aber nur auf zwei Gruppen von Inseln:

I. Auf Inseln an gezeitenlosen Küsten;

II. Auf diejenigen Inseln an Gezeitenküsten, bei denen die Tiefe der Meeresräume zwischen Insel und Festland, gemessen von der Hochwasserlinie, die Höhe des Tidenhubs übersteigt.

Die temporären Inseln aber, welche zur Ebbezeit mit Teilen des Festlandes landfest werden, sind nicht zu jeder Zeit rings von Wasser umgeben. Ihre längere oder kürzere Zugehörigkeit

---

[1] Penck, A., Morphologie der Erdoberfläche Bd. II. S. 633 Stuttgart 1894.

[2] Ebenda, Bd. II S. 630. Supan, A., Grundzüge der Physischen Erdkunde, 5. Aufl. S. 769 Leipzig 1911. Wagner, H., Lehrbuch der Geographie, 8. Aufl. Bd. I S. 276 Hannover und Leipzig 1908.

zum Festlande richtet sich nach der Art der Abgliederung, nach der Höhe des Tidenhubs und nach der Beschaffenheit der zwischen Insel und Festland liegenden Meeresräume. Gleichwohl stellt man auch die temporären Inseln mit Recht zu der Gattung der Inseln. Um sie auch in die Definition des Wortes Insel aufzunehmen, müssen wir den Begriff etwa folgendermaßen erweitern:

Inseln sind Landstücke, die immer oder in periodisch wiederkehrenden Zeiträumen ringsum von Wasser umgeben sind.

Infolge des engen Zusammenhanges mit dem Festlande haben temporäre Inseln weit mehr den Charakter festländischen Landes als völlig abgegliederte Inseln. Diese nur zeitweise abgetrennten Landstücke befinden sich in einem Übergangsstadium. Ihre Entwicklung kann nach zwei Zielen führen:

I. Wenn die Verbindungsbrücke zwischen Insel und Festland durch die erodierende Wirkung der Gezeiten so weit vertieft wird, daß auch zur tiefsten Ebbe das Wasser die Insel vom Festlande trennt, dann wird die temporäre Insel zur Insel. Diese Entwicklung ist die normale und darum häufigere. Entwicklungsgeschichtlich erhalten wir folgende drei Stufen:

    a) Stück des Kontinents (Zusammenhang).
    b) Temporäre Insel (zeitweise Abgliederung).
    c) Wirkliche Insel (Trennung).

II. Seltener ist die rückwärtige Entwicklung: Die Brücke zwischen Insel und Festland wächst durch Anschlickung oder Ansandung über die Hochwasserlinie hinaus, so daß die temporäre Insel wieder dauernd mit dem Festlande verbunden wird. Diese Wiedervereinigung mit dem Festlande kann auch durch künstliche Maßnahmen erzielt werden: durch den Bau von Dämmen, Brücken, Pfeilern, fundierten Seezeichen usw.

Amrum wird diese rückläufige Entwicklung erfahren. Denn schon seit langer Zeit ist man bestrebt, durch Errichtung von Dämmen einen großen Teil des alten Nordfrieslandes wiederzugewinnen. Einer dieser Dämme soll Föhr und Amrum verbinden, und die Zeit ist nicht fern, wo er errichtet werden wird. Amrum wird ein Bestandteil seiner größeren Nachbarinsel Föhr werden.

B. Lage und Größe der Insel.

Unter den nordfriesischen Inseln hat Amrum eine besondere Bedeutung, die es seiner geographischen Lage verdankt. Mit Föhr zusammen bildet Amrum das Mittelstück des nordfriesischen Archipels. Beide Inseln sind nach Nordwesten durch das Vortraptief und Hörnumtief gegen Sylt abgegrenzt, und im Süden trennt sie die Norderaue von den Halligen. Diese Wattströmungen sind tief und hohen Alters, so daß sie scharfe geographische Grenzen darstellen. Infolge dieser Abgeschlossenheit gegen die übrigen nordfriesischen Inseln haben die Bewohner von Föhr und Amrum eigene Sitten und einen besonderen Dialekt ausgeprägt.

In dem Mittelstück hat nun jede der beiden Inseln ihre besondere Eigenart, die in erster Linie durch die Lage zueinander und die Lage zum Meere bedingt ist. Föhr liegt im Schutze von Amrum und Hörnum und ist von ihnen fast ganz gegen die See abgedeckt. Nur an der Nordwest- und Südküste wird Föhr von Wattströmungen tangiert, so daß ein unmittelbarer Einfluß der See nur an diesen Küsten vorhanden ist. Das Innere von Föhr aber zeigt fast völlig das Gepräge eines festländischen Marsch- bzw. Geestlandes. Amrum dagegen hat eine echte Seelage; mit seiner ganzen Breitseite ist es den Einflüssen des Meeres und der ozeanischen Atmosphäre ausgesetzt. Der Unterschied der geographischen Lage kommt auch in den wirtschaftlichen Verhältnissen entscheidend zum Ausdruck. Der Föhringer ist im wesentlichen Binnenländer und lebt von seinem Boden, auf dem er Ackerbau und Viehzucht treibt. Der Amringer dagegen wird durch die Lage seiner Insel auf die See hingewiesen; er lebt von der See und auf der See. Wie diese natürlichen Erwerbsverhältnisse durch die Ausweitung des Fremdenverkehrs verändert worden sind, wird in der Wirtschaftsgeographie zu zeigen sein.

Den Vorzug und den Nachteil einer Seelage genießen mit Amrum die Inseln der äußeren Kette des nordfriesischen Archipels: Röm, Sylt, Hooge, Norderoog, Süderoog, Südfall. Infolge der unmittelbaren Berührung mit dem Meere fällt ihnen die bedeutsame Aufgabe zu, sich selbst und das Hinterland gegen die Angriffe der Sturmfluten zu schützen. Durch die natürliche

Beschaffenheit der Umgebung ist Amrum im Kampfe mit den Wogen vor den übrigen Inseln erheblich begünstigt. Im Westen der Insel bietet das weite Sandland, der Knip, einen ausgezeichneten natürlichen Schutz gegen die Wogen, und die Außensände, 4 km westlich von Amrum gelegen, bilden ein erstes, wenn auch nur schwaches Bollwerk gegen die andringenden Fluten. Das ist zweifellos eine starke Begünstigung, die Amrum vor den meisten der nordfriesischen Inseln genießt. Wie viel schwerer müssen Sylt und die Halligen um die Erhaltung ihrer Küste, ja um ihr Dasein kämpfen! An einigen dieser Eilande ist das Zerstörungswerk der Fluten leider schon so weit vorgeschritten, daß die Regierung es nicht mehr für wert hält, sie zu erhalten.

Der Knipsand, der Amrums Küste im Westen schützt, reicht aber noch nicht so weit, um den ganzen Inselkörper zu decken. Nur dem mittleren Teile der Seeküste ist das Knipland vorgelagert, während an der Süd- und Nordwestküste das Wasser bei Sturmfluten unmittelbar an die Dünen herantreten kann. Hier finden darum grosse Umgestaltungen der Küstenlinie statt, die nach jeder Sturmflut beobachtet werden können. Durch Auswaschungen und Abspülungen tritt an diesem Teile der Küste ein ständiger Landverlust ein, dessen Betrag von der Häufigkeit und Höhe der Sturmfluten abhängig ist. Die Größe des Landverlustes ist in den einzelnen Jahren sehr verschieden, nicht selten auch gleich Null. Diesem Landverlust steht ein Landgewinn gegenüber, der hauptsächlich durch die Anlandung am Knipsand vor sich geht. Das Verhältnis von Landgewinn und Landverlust kommt in dem Flächeninhalt zum Ausdruck. Je nach dem Überwiegen des einen oder des anderen Faktors ändert sich der Flächeninhalt in zu- oder abnehmendem Sinne. Einige Zahlen werden uns über das Verhältnis von Landgewinn und Landverlust wie über die Veränderung des Areals im letzten Jahrhundert unterrichten.

Im Jahre 1800 fand eine Vermessung der Insel statt, von der uns Christian Johansen, der treffliche Förderer der Heimatkunde Amrums, erzählt[1].

---

[1] Johansen, Chr., Beschreibung der nordfriesischen Insel Amrum S. 1 Schleswig 1862. Die bei Johansen angegebene Vermessung ist wahrscheinlich identisch mit der Vermessung, von der in dem „Liber daticus eccle-

Der Flächeninhalt Amrums betrug damals 4202 Demath = 2101 ha, rund 20 qkm. Nach der Vermessung des Katasters im Jahre 1876 hat Amrum 2007 ha 61 a 36 qm. Innerhalb der ersten 70 Jahre des vorigen Jahrhunderts hat Amrum also 94 ha verloren; ein Zwanzigstel der Insel ist dem Meere zum Opfer gefallen. Dagegen scheint seit den siebziger Jahren ein bedeutender Landverlust nicht mehr eingetreten zu sein, vielmehr können wir einen langsamen Landzuwachs feststellen. 1906 betrug das Areal der Insel 2036 ha, mithin 29 ha mehr als 1876 [1].

Amrum befindet sich also in einer Periode des Landgewinnes. Sie wird solange dauern, wie die Ansandungen an der Westküste bestehen und solange der Betrag der Ansandung größer ist als der der Abspülung an dem Teil der Seeküste, der dem Meere direkt ausgesetzt ist.

C. Die Bodengestalt.

I. Horizontale Gliederung.

Die Gezeitenströmungen, die jahrein, jahraus den Inselfuß bespülen, haben hauptsächlich die Ausgestaltung der Küstenlinie bewirkt. Durch die Arbeit des Wassers, die marine Erosion, sind die heutigen Formen der horizontalen Gliederung geschaffen worden. Die Wirkung der Erosion hängt von zwei Momenten ab: von der Härte des Materials, das erodiert wird, und von der Kraft des Wassers. Je lockerer und widerstandsloser das Material ist, desto leichter kann es von dem Wasser bearbeitet werden. Da nun Amrum aus wenig festem sedimentären Material aufgebaut ist, so ist die mechanische Arbeit des Wassers an dem Inselfuß eine äußerst leichte. Der zweite

---

siae Sancti Clementis in insula Amrum", begonnen 1775 (im Besitze des Pfarramtes St. Clemens auf Amrum), mit folgenden Worten die Rede ist: „Die sämtlichen Ländereien dieser St. Clemens Gemeine in der Loeharde des Stiftes Ripen, sind im Jahre 1799 und 1800 durch die Herren Landesinspectores Fr. Feddersen und Lund aufgenommen und verteilt worden." Es folgt dann die Aufzählung der Pastoralländereien; dagegen sind die Zahlen für den Flächeninhalt der Insel dort nicht vorhanden.

[1] Oldekop, H., Topographie des Herzogtums Schleswig S. 23 Kiel 1906.

Faktor, die Kraft des erodierenden Wassers, ist an einer Gezeitenküste bedingt durch die Höhe der Gezeiten, den Tidenhub, und durch besondere Windverhältnisse, welche den Tidenhub vergrößern können. Besonders zur Herbst- und Winterzeit tritt an unserer Küste unter dem Einfluß der Winde ein äußerst hoher Tidenhub mit starker Brandung ein, der eine starke Erosion zur Folge hat. Wir sehen also, daß die allergünstigsten Bedingungen für eine intensive marine Erosion vorhanden sind, und daß sie in der Tat für die Gestaltung der Küstenlinie von entscheidender Bedeutung sein muß.

In den Formen der horizontalen Gliederung kommt die Wirkung der immer gleichströmenden Gezeiten zum Ausdruck. Alle Klippen und Vorsprünge sind vom Wasser abgetragen; überall zeigt sich ein einfacher glatter Küstenverlauf. Amrum ist arm an Buchten. An der Seeseite befindet sich überhaupt keine Bucht, wenn man von dem Kniphafen absieht, der doch in nicht ferner Zeit versanden wird. An der Wattküste haben wir zwei kleinere Buchten, eine bei Nebel, die andere südlich von Steenodde.

Die Gestalt Amrums kennzeichnet Pfarrer Danckwerth treffend in seiner Chronik[1]: „Amrum liegt da wie ein halber Mond." Zu Danckwerths Zeit stellte die Insel auf der Karte einen Halbmond dar, der nach Osten schaute, dessen Bogen also von Norden über Westen nach Süden verlief. Der Grundriß der Insel ist auch heute noch derselbe geblieben. Indessen ist durch die Neubildung eines Vorlandes an der Westküste die Gestalt der Insel etwas verändert worden. Dies Neuland ist der Knipsand. Mit seinem mittleren und südlichen Teile ist er bereits mit der Insel verwachsen. Der nördliche Teil dagegen erstreckt sich als Halbinsel weit nach Norden. Da nun die zwischen der Halbinsel und dem Hauptkörper liegende Bucht beständig zusandet, wird der Knipsand mit der Insel bald ganz zusammenhängen. Dann wird man wieder mit vollem Rechte sagen können: Amrum hat die Gestalt eines Halbmondes.

---

[1] Caspar Danckwerth, Newe Landesbeschreibung der Zwey Herzogtümer Schleswich und Holstein, 1652. Darin auch die Mejerschen Karten vom alten Nordfrieslande.

Die Betrachtung der horizontalen Gliederung im einzelnen ist der Aufgabe gewidmet, die Formen der Küste zu schildern und die Ursachen dieser Formen zu ergründen. Es wird also auch hier wieder darauf ankommen, geologische und hydrographische Faktoren zur Erklärung der Morphologie der Küste heranzuziehen. Wir sahen, daß die Gezeiten bestimmend für den Verlauf der Küstenlinie sind. Sie wirken nicht überall gleich. Dort, wo der Flutstrom den Inselfuß unmittelbar und zuerst trifft, wirkt er am stärksten und hinterläßt die mächtigsten Spuren seiner Tätigkeit. Da der Flutstrom nun von Südsüdwesten kommt, wird die Südküste zuerst von ihm getroffen. Hier finden darum auch die stärksten Angriffe des Meeres statt; die Folge davon ist ein ständiger Rückgang der Küste.

Die Südküste wird von einer Kliffküste gebildet, die fast genau von Osten nach Westen verläuft. Sie beginnt an der Südostecke der Insel und hat eine Länge von 3 km. Gegenüber der Mitte des Dorfes Wittdün liegt die höchste Erhebung des Kliffs, ungefähr bei dem neuerrichteten Sanatorium. Nach Westen nimmt das Kliff allmählich an Höhe ab. Ein breiter, nach dem Meere hin sanft abfallender Strand, der wegen des geringen Böschungswinkels nicht durch Buhnen geschützt zu werden braucht, ist der Kliffküste vorgelagert. Bei ordinärer Fluthöhe liegt das Kliff von der Strandlinie weit zurück; bei Springfluten aber rückt das Wasser infolge des geringen Gefälles des Strandes schnell an den Fuß des Kliffs heran. Die Kliffküste wird zur wirklichen Steilküste, und Stück um Stück wird von den feinen Sanden der weißen Düne abgerissen. Wie schnell die Küstenlinie zurückweicht, zeigen uns die Abbruchbeträge der letzten Jahre. Erst im Jahre 1910 waren durch eine Dezemberflut $1^{1}/_{2}$ m abgebrochen worden[1]. Da trat in der Nacht vom 5. zum 6. November 1911 jene gewaltige Flut ein, die seit dem Jahre 1825 die allerhöchste Flut an der ganzen Nordseeküste gewesen ist. Durch sie sind so gewaltige Massen von der Wittdün weggespült worden, daß man für die Zukunft des auf der Düne gelegenen Nordseebades Wittdün ernste Sorge haben mußte. An den Nordseehallen, die durch die

---

[1] Nach Angaben der Bewohner.

Lücke in der vorliegenden Sandbank am meisten dem Wellenandrange ausgesetzt waren, sind etwa 8 m abgerissen worden[1]; zu beiden Seiten davon ist der Abbruch etwas geringer. Um dieser ständigen Abbröckelung der Küste Einhalt zu tun, haben sich die Gemeinde Amrum und die Interessenten an die Regierung gewandt, mit dem dringenden Gesuch, eine Betonmauer zum Schutze des Ufers zu errichten[1].

Für die Wirkung der Brandung an der Südküste ist es von entscheidender Bedeutung, daß der Flutstrom die Küstenlinie unter einem sehr steilen Einfallswinkel trifft. Der Winkel beträgt ungefähr 60 Grad. Es kommt hinzu der geringe Böschungswinkel des Strandes in unmittelbarer Nähe der Kliffküste. Dadurch wird die Reibung des Wassers am Untergrund wesentlich verringert. Und endlich ist an dem hohen Abbruchsbetrag die außerordentlich geringe Widerstandsfähigkeit der feinkörnigen Sande schuld, aus denen die weiße Düne aufgebaut ist.

An der Stelle, wo das Kliff der Südküste sein Ende erreicht, beginnt die Dünenflachküste. Gleichzeitig aber springt die Strandlinie um 2 km nach Südwesten vor. Wir befinden uns am südlichen Ende des Knipsandes. Während so die gewöhnliche Hochwasserlinie weit nach Südwesten hinausgeschoben wird, bleibt die eigentliche, ältere Küstenlinie zurück und biegt ungefähr dort, wo die frühere Bahnlinie Wittdün-Knipsand die Dünen durchbricht und an den Strand tritt, nach Nordwesten um. Diese ursprüngliche Küste stellt einen neuen Küstentypus dar: die Kliffküste ist zur Flachküste geworden, an der sich nach dem Lande zu junge Dünen erheben, die an Höhe, je weiter man landeinwärts geht, zunehmen. Diese Veränderung des Küstentypus steht mit orographischen und hydrographischen Verhältnissen in engem Zusammenhang. Der Vorstrand hat sich bedeutend erweitert; über zehnmal so weit als an der Südküste ist hier der Weg von der Hochwasserlinie über den Vorstrand bis an den eigentlichen Inselfuß. Durch die Länge des Weges ist die Angriffskraft des Wassers erheblich verringert. Das Wasser kann, wenn es bei Sturmfluten bis an

---

[1] Nach einer freundlichen Mitteilung des Inselarztes, Dr. med. Ide in in Nebel.

die wirkliche Küstenlinie herantritt, nicht mehr die Küstenlinie unterwühlen und einen Kliffrand ausbilden; es läuft vielmehr ruhig an den ansteigenden Dünenwällen auf. Auch die Geschwindigkeit des Flutstromes ist am Südwestende des Knipsandes geringer als an der Südküste, wie sich aus den Tiefenverhältnissen ergibt. Die beiden Hauptströmungen gehen durch die Norderaue und das Vortraptief, während der Strom zwischen beiden, der das Südwestende des Knipsandes trifft, langsamer fließt, da er die zwischen beiden Strömungen liegenden Sände erst überwinden muß, um an den Knipsand zu gelangen. Die Höhe und Breite des Vorstrandes und die geringe Geschwindigkeit des Flutstromes am Vorstrande haben also zur Folge, daß sich an der Südwestküste bis in Höhe der Satteldüne keine Kliffküste bilden konnte. Wie kam es aber hier zu einer Dünenflachküste? Der Grund ist in klimatischen Verhältnissen zu sehen. Durch die vorherrschenden Westwinde werden kleine Sandkörnchen von der weiten Fläche des Knipsandes abgelöst und landeinwärts getrieben. Sobald sie den Fuß der Insel erreichen, werden sie durch die Dünenflora aufgehalten und zur Ansiedlung gezwungen. So entstehen immer neue Dünen, und das Dünenareal vergrößert sich allmählich nach Westen.

Solange der Zusammenhang des Knipsandes mit der Insel besteht, bleibt dieser Küstencharakter. Etwa in Höhe der Satteldüne beginnt eine neue Küstenform. Die Veränderung des Küstenbildes erklärt sich daraus, daß hier — wir stehen am Ostufer des Kniphafens — die Bucht das Vorland von dem Hauptkörper trennt. Infolgedessen kann eine Sandzufuhr von Westen nicht mehr stattfinden. Es fehlen also junge Dünen. Die alten Dünen aber sind auf das Diluvialplateau der Insel hinaufgewandert, so daß vielfach das Diluvium an der Küste zutage tritt. Am Strande selbst findet man oft Spuren der diluvialen Steigküste: Steine bis zu Faustgröße, seltener auch lehmige Sande, die durch den Regen ausgespült sind. Wo die Dünen in ihrer Wanderung die Höhe des Diluvialplateaus nicht ganz erreicht haben, sondern vorher festgelegt sind, besteht die Küste aus alluvialem Sandmaterial. Die Dünen sind dann häufig noch vom Wind an der Luvseite bearbeitet, so daß der Abfall zum Strande sehr steil ist. Der Böschungswinkel des

Strandes ist hier größer als der des Südstrandes. Das erklärt sich daraus, daß die Zusandung des Kniphafens noch nicht so weit gediehen ist wie die Versandung der Sände südlich von der Wittdün. Diese Sände reichen bereits bei Ebbezeit um ein beträchtliches über den Wasserspiegel hinaus, während die Kniphafenrinne auch bei Ebbe noch wassererfüllt ist und durch den auslaufenden Strom stark erodiert wird. Fassen wir die Erscheinungen zusammen, die sich uns an der Küste des Kniphafens gezeigt haben: Es herrscht im allgemeinen die Steigküste vor mit bald alluvialem, bald diluvialem Material. Die Zahl der Stellen, an denen Diluvium zum Vorschein kommt, ist aber gering. Die heutige Beschaffenheit der Küste ist meistens nicht mehr durch marine, sondern durch äolische Kräfte bedingt. Die Richtung der Küste ist von Südost nach Nordwest bis wenige hundert Meter vor dem Norddorfer Feuer. Dann biegt die Küste nach Nordosten um und behält diese Richtung bis zur Nordspitze der Insel.

Gegenüber dem Nordende des Knipsandes hört auch der dünenbekränzte Diluvialkörper auf und damit die ansteigende Küste. Auf eine Strecke von über 1 km bildet ein Damm, auf dem die Schmalspurbahn zur Landungsbrücke Norddorf läuft, die Küstenlinie. Es ist der 3 m hohe Risumdamm, welcher den diluvialen Hauptkörper mit dem alluvialen nördlichen Dünenlande verbindet. Auch hier ist die Küste im Laufe des vergangenen Jahrhunderts ganz erheblich umgestaltet worden. Auf der „antiquarischen Karte von Amrum", die von Christian Johansen nach dessen und des Pastors Mechlenburg Kenntnissen angefertigt wurde, wird der „Dünenrand im Jahre 1800" am „Risham" etwa $^1/_2$ km weiter seewärts angegeben als die heutige Küstenlinie. Breite Dünenketten bildeten damals die Verbindung zwischen den Dünen des „nördlichen Horns" und den Norddorfer Dünen. Schon zu der Zeit, wo diese Karte entstand (Ende der fünfziger Jahre des vorigen Jahrhunderts), war der Rückgang der Küstenlinie so weit vonstatten gegangen, daß die Dünen des Verbindungsstückes bei Risham fast ganz dem Meere zum Opfer gefallen waren. Heute sind am Risumdamm überhaupt keine Dünen mehr vorhanden. Selbst der Damm, der durch Pfahl- und Flechtwerk besonders geschützt ist, kann bei schwereren Stürmen den Wogen nicht standhalten. So wurde er von der Sturmflut des 5./6. November 1911 unterwühlt und gänzlich weggespült; nur kümmerliche Reste, Schienen der Bahn und Stücke der Telegraphenleitung, fand man nach der Flut auf dem Boden der Marsch und des Strandes.

Während bei unserer bisherigen Betrachtung immer See- und Wattküste durch das Hauptland getrennt waren, rücken sie am Risumdamm ganz dicht aneinander, so daß es fast unmöglich ist, beide Küstentypen scharf voneinander zu scheiden. Der Risumdamm stellt nur eine künstliche, von Menschenhand geschaffene Grenzlinie dar. Tatsächlich gehen Strand und Marsch ohne eine geographische Scheide ineinander über; das ganze Risumland bildet ein einheitliches Übergangsgebiet vom Meer zum Land, ein Küstenland, welches Watt- und Seeeinflüssen gleichermaßen ausgesetzt ist.

Der Risumdamm ist als Verkehrsweg wie als Schutzdamm von gleich wichtiger Bedeutung. In richtiger Erkenntnis dessen ist er schon im Frühjahr 1912 provisorisch wieder aufgebaut worden. Hier muß eine Mauer sein zum Schutze des gesamten Risumlandes. Würde sie fehlen, so könnte das gesamte Marschenland von den Sturmfluten aufgewühlt und womöglich sogar der See gewonnen werden. Johansen prophezeit bereits dem Risumland den Untergang, wenn er schreibt: „Es wird nicht lange dauern, bis die See sich mit dem Haff vereinigen und den **nördlichen Teil Amrums in eine Insel verwandeln** wird."[1] So weit wird es allerdings nicht kommen, seit der Wert des Risumdammes richtig erkannt ist. Zweifellos wird man niemals Mühe und Kosten scheuen, um diese wichtige Verbindungsbrücke zu erhalten.

Verfolgen wir vom Damm aus die Seeküste weiter nordwärts, so begegnet uns ein bekannter Typus, die Dünenkliffküste. Sie ist aber in ihrer Entstehung etwas anders zu begreifen als die Kliffküste des Südstrandes. Die Strömung setzt am „nördlichen Horn" tangential zur Küstenlinie. Sie windet sich zwischen Hörnum und Amrum hindurch, um ihre Wassermassen ins

---

[1] Johansen, Chr., Beschreibung der nordfriesischen Insel Amrum S. 10 Schleswig 1862.

Wattenmeer zu ergießen. Bei einer Sturmflut wird also die an die Kliffküste herantretende Strömung tangential wirken, d. h. den Fuß des Kliffs von der Seite her unterspülen. Da der Winkel, unter dem die Strömung die Küste trifft, ein sehr kleiner ist, so ist die Arbeit des Wassers hier weniger ertragreich als an der Wittdün. Das beweist ein Vergleich der Abbruchsbeträge der Novembersturmflut 1911. Am Südstrande waren 8 m abgerissen; am Schuppen der Rettungsstation „Amrum Nord" der Gesellschaft zur Rettung Schiffbrüchiger, der am Südende des Risumdammes liegt, sind nur 3 m an dem steinernen Unterbau weggespült. Nach Norden nimmt der Betrag ab. An der Kliffküste bei der Landungsbrücke Norddorf sind noch über 2 m abgebrochen; weiter nördlich ist kein nennenswerter Abbruch mehr zu verzeichnen. Die Höhe des Kliffs nimmt nach Norden ab; es kann von der Strömung nur noch ein niedriger Kliffrand gebildet werden, weil die Küste weiter nach Osten umbiegt. So herrscht an der Nordspitze wieder die Flachküste vor. Die Formen des Vorstrandes sind auch ganz durch die Strömung bedingt. Bei Risum ist der Strand sehr abschüssig und muß durch starke Buhnen vor weiterer Abtragung geschützt werden. Bald nördlich von der Landungsbrücke Norddorf aber hören die Buhnen auf; denn der Strand wird immer ebener und breiter, um kurz vor der Spitze eine größte Breite von etwa 300 m zu haben. Die Schnelligkeit der Strömung bewirkt dann eine rapide Abnahme der Strandbreite zur Nordspitze hin.

Wenn wir das Nordkap der Insel umwandert haben, gelangen wir an die Wattküste. Sie ist noch einfacher gestaltet und viel geringeren Veränderungen unterworfen als die Seeküste. Die Faktoren, die die Formen der Seeküste bedingen, wirken auch im Watt, aber in ganz anderer Weise. Der Verlauf der Wattküste hängt zum großen Teil ab von den Bodenverhältnissen des Landes, das ans Watt stößt. An der Wattküste stehen alluviale Lehme oder Ton oder auch diluvialer Geschiebedecksand an. Sie vermögen der Bearbeitung durch das Wasser weit mehr Widerstand entgegenzusetzen als die Dünensande der Seeküste. Entscheidend wirken bei der Ausgestaltung der Wattküste die Strömungsverhältnisse mit, die von denen an der Seeseite wesentlich verschieden sind. Dort treten die Strömungen zum Teil selbst an die Küste heran, zum Teil wird das Wasser unter dem Einfluß der Winde gegen die Insel getrieben. Die Wattküste dagegen liegt im Bereiche des Aufstaubeckens der Wassermassen und wird, was wesentlich ist, von keiner stärkeren Strömung berührt. Namentlich an dem nördlichen Teile der Wattküste äußern sich die Gezeiten nur in einem Steigen und Sinken des Wasserspiegels, da jegliche intensive Wattströmung fehlt. Daher kommt es nicht zur Brandung und nur zu einer minimalen Bearbeitung des Bodens: meist sind nur die Schlickränder der Marschen etwas unterwaschen. Der südliche Teil, hauptsächlich die Steenodder Bucht, wird von einem kleinen Arme der Norderaue bespült, dessen Wirkungen bis in die kleine Bucht von Nebel zu verfolgen sind. Unter diesen Umständen ist es klar, daß die Erosion im Watt sehr gering ist, und daß Veränderungen der Küste kaum zu bemerken sind.

Mit der Schilderung der Wattküste beginnen wir im Norden. Das „nördliche Horn" hat zwei verschiedene Küstentypen. Die nördlichere Hälfte steht noch ganz unter dem Einfluß der See. Die Strömung ist noch verhältnismäßig stark, so daß sich hier kein Schlick absetzen konnte. Daher treten die Dünen ohne Marschenvorland an die Küste heran. Der Abfall ist mäßig steil, da wir uns an der Leeseite der Dünen befinden; der Küstentypus ist also der der Kliffküste. Südlich von dem Verbindungswege nach Föhr aber beginnt das Marschenland, welches den Ostrand der Insel bis Nebel umsäumt. Das Marschenland erhebt sich nur wenig über dem Meeresspiegel; es tritt als Flachland an das Watt heran. Bei Springfluten zeigt es sich deutlich, daß wir es hier mit einem echten Teil der Küstenzone zu tun haben: dann wird die ganze Marsch vom Meere überschwemmt.

An dem Feldwege von Nebel nach Steenodde, der unmittelbar die Küste berührt, befindet sich das einzige Kliff der ganzen Wattküste, welches geologisch sehr interessant ist. Die Amringer nennen es Ual Anj oder Wal Anj, d. i. altes Ende oder Wallende. Das Kliff ist das „Ende" einer Bodenerhebung, die sich von Süddorf nach Nordosten erstreckt und zwischen

Nebel und Steenodde die Küste erreicht. So erklärt sich hier das Vorhandensein eines Kliffs an dieser brandungsarmen Küste. Bei Steenodde springt die Küstenlinie dann noch einmal weiter vor; der Bau der Landungsbrücke ins Watt hinaus hat eine Anschlickung an beiden Seiten der Brücke zur Folge gehabt. Denn hier wirkt ja schon der kleine Wattarm der Norderaue, der mit der Flut an der Südseite, mit der Ebbe an der Nordseite der Landungsbrücke eine Stauung der Wassermassen hervorruft und damit ein Absetzen der Sandteilchen ermöglicht. Durch den Verlauf dieses Priels ist die Küstenlinie der Steenodder Bucht bestimmt. Das Marschland, welches den Hauptbestand dieser Küstenzone bildet, ist so niedrig, daß es trotz der Strömung nicht zur Ausbildung eines Kliffs kommen kann. Wo dagegen die Marsch im Süden aufhört und der hintere Rücken der weißen Düne an den Priel herantritt, haben wir eine schöne Kliffküste, die Nordküste von Wittdün, deren Höhe 8—12 m beträgt. Die Höhe des Kliffs ist bedingt durch die Höhe der Düne und durch die Strömung, die bei Sturmfluten den Rand der Düne benagt. Wie bei der Wattküste des „nördlichen Horns" erkennt man auch hier bereits deutlich den Übergang von der Wattküste zur Seeküste.

Bei unserer Wanderung um die Insel haben wir also gesehen, daß Amrum trotz seiner einfachen horizontalen Gliederung eine Fülle von Küstenformen besitzt.

II. Vertikale Gliederung.

Auch die vertikale Gliederung der Insel ist sehr einfach. Bestimmend für die vertikale Gliederung ist der Verlauf der Dünen. Sie bilden ein zusammenhängendes Hügelland, welches die ganze Insel von Norden nach Süden durchzieht; nur beim Risumdamm ist die Dünenkette, wie wir sahen, durchbrochen. Auch die höchsten Erhebungen der Insel gehören dem Dünenlande an. Es sind die Satteldüne mit einer Höhe von 29 m und ein 750 m südlich von der neuen Vogelkoje gelegener Dünenzug, der nach dem Meßtischblatt von 1878 die gleiche Höhe hat. Die Dünen beherrschen das orographische Bild völlig. Das Überragende der weißen Dünenketten fällt jedem in die Augen, der sich der Insel nähert. Auch in der Größe des Dünenlandes macht sich die Bedeutung der Dünen geltend: ein Drittel des Areals der Insel besteht aus Dünen. Beachtenswert ist ihre Lage am Westrand der Insel. Diese Tatsache hängt mit der Entstehung der Dünen und mit klimatischen Verhältnissen zusammen: die Westwinde haben den Sand zu Dünen aufgewölbt und diese der Insel zugeführt. Durch die Pflanzen sind sie schon am Inselrande festgehalten worden. Die Mehrzahl hat den Inselkörper noch erklommen, andere haben unmittelbar an der Seeküste haltgemacht.

Die Betrachtung der Küstenlinie lehrte, daß wir an der Westküste eine starke vertikale Gliederung haben. Indes auch nach Osten, zum Kulturlande hin, ist der vertikale Abstand oft ein ganz beträchtlicher. Ein Beispiel dafür ist die Satteldüne, die am Rande der Dünen zum Kulturlande liegt. Sie fällt von 29 m in steilem Absturz bis auf 9 m herab (Höhe des Diluvialplateaus). Bei allen Dünen, die nach Osten auf das Diluvialland oder die Marsch abfallen, ist der Fallwinkel groß; denn wir befinden uns auf der Leeseite der Dünen. Die Höhe des Absturzes erklärt sich auch daraus, daß die inneren Dünenzüge im allgemeinen die höchsten sind. Bei der Ebenheit des diluvialen Kulturlandes tritt diese Erscheinung der vertikalen Gliederung auch aus weiterer Entfernung sehr schön hervor. Betrachtet man die Insel vom Watt aus, so sieht man die Dörfer Süddorf, Nebel und Norddorf, die auf dem Diluvialplateau liegen, sich deutlich von den weißen Dünenabhängen abheben.

Den Hauptbestand der Insel bildet das in Kultur genommene Land, das im wesentlichen noch so erhalten ist, wie es uns aus der Eiszeit überkommen ist. Nur einzelne Erhebungen — Gräber aus der Vorzeit —, die der Menschenhand ihre Entstehung verdanken, zieren das wenig gegliederte Kulturland. Die Grenze des Kulturlandes wird im Norden durch den Ort Norddorf, im Westen durch den Dünenrand, im Süden durch den Bogen Leuchtturmhaus—alte Vogelkoje—Steenodde und im Osten teils von dem Watt selbst, teils von den Marschen gebildet.

Von dem Diluvialplateau, welches mit einer durchschnittlichen Höhe von über 10 m den eigentlichen Inselkern darstellt, senkt sich das Land nach Osten zu den Marschländereien, die unter der 3-m-lsohypse liegen. Sie bilden das platte Weideland und sind ohne vertikale Gliederung, wie sich aus ihrem Bodenbau ergibt. Denn als Alluvionen stellen sie eine ausgeglättete Fläche dar. Die Marsch erstreckt sich an der Ostküste in einer Breite und Ausdehnung, die bei Betrachtung der Küste des näheren geschildert worden ist.

Auch an der Westseite der Insel haben wir ein Küstenland, welches wie die Marschen bei Sturmfluten unter Wasser ist. Es ist der Knipsand. Da er fast alljährlich von den Fluten überspült wird, ist er ebenfalls ohne vertikale Gliederung.

Also auch das orographische Bild der Insel ist sehr einfach. Von dem hohen Dünenlande senkt sich das Land terrassenförmig nach beiden Seiten. Nach Osten fällt es in zwei Terrassen, diluviales Kulturland und Marsch, zum Watt ab; im Westen ist nur eine Stufe bis zu dem Küstenlande des Knip.

a) Die Dünen.

Das hügelige Dünenland, welches den Westrand der Insel begleitet, teilen wir nach dem Boden, auf dem es ruht, in zwei Teile:

1. Die an den Hauptkörper angelagerten Dünen:
   α) Das südliche Horn, die Wittdün.
   β) Das nördliche Horn.
2. Die Dünen, die auf dem diluvialen Hauptkörper aufsitzen.

Bei unserer Einteilung sind wir gezwungen, rein topographisch zu verfahren, da wir über die Entstehungsgeschichte der Dünen sehr schlecht unterrichtet sind. Es ist versucht worden, aus der Bildung der Dünen und aus dem Stadium der Entwicklung auf die Zeit der Entstehung zu schließen, aber positive Ergebnisse haben diese Versuche noch nicht gehabt. Für Sylt hat sich W. Wolff mit dem Problem befaßt[1]. Er glaubt, daß vor etwa 4000 Jahren die Dünenbildung eingesetzt hat, ohne allerdings seine Ansicht zwingend beweisen zu können. Zweifellos ist das Alter der Dünen sehr hoch. Denn das Ursprungsgebiet der Dünen hat viel weiter westlich gelegen, und

---

[1] Wolff, W., Die Entstehung der Insel Sylt S. 51 Halle a. S. und Westerland a. Sylt 1910.

die Dünen haben sich erst langsam auf den Inselkörper zu bewegt. Und auch auf der Insel selbst sitzen die Dünen schon lange Zeit auf. Das sieht man aus ihrer Beschaffenheit. Die meisten Dünen zeigen nicht mehr die ursprüngliche Form, sondern sind vielfach umgebildet. Windbahnen haben die ursprünglichen Ketten zerrissen, neue Dünen sind mit den alten zusammengewachsen usf. Die Mannigfaltigkeit der Umbildungen beweist, daß die Amringer Dünen ein ziemlich hohes Alter haben.

Die Wanderung und Umgestaltung der Dünen konnte sich so lange vollziehen, bis der Mensch sie endgültig festlegte. Erst mit der Einführung planmäßiger Dünenkultur trat ein Stillstand in der Wanderung ein. Die ersten Nachrichten über Dünenbau finden wir auf Amrum aus dem Jahre 1804[1]. Wir dürfen annehmen, daß seit dieser Zeit Wanderdünen auf Amrum aufgehört haben. Dagegen finden Zerstörungen im kleinen bis auf den heutigen Tag statt, und in jedem Frühling werden die Lücken in den Dünen, die im Herbst und Winter durch die Stürme entstanden sind, von der Gemeinde ausgebessert. Wie groß diese Veränderungen heute noch sind, zeigt ein Vergleich zwischen den Dünen, wie sie auf dem Meßtischblatt von 1878 aufgenommen sind, und ihrer heutigen Beschaffenheit. Das Meßtischblatt ist, für das Dünenland wenigstens, als veraltet anzusehen und wird nur aus dem Grunde noch zu topographischen Angaben herangezogen, weil eine neuere Aufnahme der Insel im Maßstabe 1 : 25 000 noch nicht vorhanden ist.

So ungenau wir über die Zeit der Dünenbildung Bescheid wissen, so gut sind wir über die Ursachen der Dünenbildung unterrichtet. Sie sind so oft geschildert, daß wir hier auf die

---

[1] G. Hanssen, Statistische Mitteilungen über nordfriesische Distrikte, im Neuen Staatsbürgerlichen Archiv Bd. III S. 484, herausgegeben von Falck, gibt uns eine anschauliche Schilderung des Beginns der Dünenkultur in Nordfriesland: „Die Dünen wehten zum letzten Male in den neunziger Jahren, Äcker und Häuser bedeckend, von denen die Spuren noch unter dem Flugsande zu erkennen. Erst seit der Landaufteilung werden die Dünen besser behandelt. Früher wurden sie bloß auf der inneren Seite, der Landseite, bepflanzt mit Carex arenaria; das gab keinen Schutz, da der Flugsand, der auf der Meeresseite freies Spiel hatte, von da sich auf die Höhe der Dünen und so weiter landeinwärts wälzte. Jetzt werden die Dünen auch nach der Meeresseite zu befestigt."

Handbücher des Dünenbaues direkt verweisen können. Das Meer hat das Material geliefert, und der Wind hat den Meeressand zu Dünen aufgetürmt. Die Richtung der Dünen entspricht der der vorherrschenden Winde. Da diese die westliche ist, so erstreckt sich eine normale Düne in der Längsachse von Norden nach Süden; hat die Längsachse eine andere Richtung, so ist die Aufwurfsrichtung der Düne eine andere. Nach der Bearbeitung der Dünen durch die Winde richtet sich auch ihre Form.

Das Material, aus dem die Amringer Dünen bestehen, hat L. Meyn näher untersucht und uns folgende Mitteilungen darüber gemacht[1]: Die Dünen des Hauptkörpers führen hauptsächlich diluviale Sande mit geringer tertiärer Beimengung. Die Düne des „südlichen Horns", die Wittdün, ist fast ausschließlich aus tertiären Sanden aufgebaut, die heller sind als die mit tertiärem Material vermengten Diluvialsande. Daraus erklärt sich das intensive Weiß der Wittdün, von dem die Düne ihren Namen erhalten hat.

Aber nicht nur in ihrem Material, sondern auch in ihrem Aufbau unterscheidet sich die Wittdün von den Dünen, die ihr im Nordwesten angelagert sind. Die Wittdün besteht aus zwei parallelen Dünenketten, von denen die hintere etwas niedriger ist als die vordere. Die beiden Züge der Wittdün gehören eng zusammen und stellen eine Doppeldüne von 1 km Länge und durchschnittlich 400 m Breite dar. Zwischen beiden Ketten befindet sich eine leichte Einsenkung, die von den Häusern der Mitte des Dorfes Wittdün eingenommen wird. Über die Einheitlichkeit der Bildung geben uns die frischen Abbrüche an der Südküste Aufschluß: die Wittdün ist aus einem Stück und an allen Stellen aus demselben Material aufgebaut. Sie ist von keiner älteren Formation unterteuft.

Aus dem Material der Wittdün kann man auf den ursprünglichen Bau der Düne schließen. Wir sahen, daß die Wittdün andere Sande führt als die übrigen Dünen. Daraus ergibt sich, daß auch das Ursprungsgebiet der Sande ein verschiedenes

---

[1] Meyn, Ludw., Geognostische Beschreibung der Insel Sylt und ihrer Umgebung nebst einer geognostischen Karte S. 77 Berlin 1876.

sein muß. Die Hauptdünen sind von Westen gekommen; die Wittdün muß also weiter südlich entstanden sein. Man vermutet, daß der Wittdüner Sand einem tertiären Dünenlande entstammt, das sich vor Eintritt der positiven Niveauverschiebung im Südwesten der Insel befand. Die eigentliche Längsachse der Wittdün verlief von Südwesten nach Nordosten, bis die Düne auf ihrer Wanderung an die Insel anstieß und festgelegt wurde. Vielleicht schon auf der Wanderung, sicher aber nach der Festlegung ist die Wittdün durch die Gezeitenströmungen immer mehr aus ihrer ursprünglichen Längsrichtung herausgedrängt worden. Heute erstreckt sie sich von Westen nach Osten; gerade die neuesten Abbrüche beweisen wiederum auf das deutlichste, daß die Richtungsänderung der Wittdün auf marine Ursachen zurückzuführen ist[1].

Das Gegenstück zur Wittdün bilden die Dünen des „nördlichen Horns". Sie sind gleichfalls an den Hauptkörper der Insel angelagert und ruhen auf dem Boden des Watts. Der südliche Teil dieser Dünen, vom Risumdamm bis an die Stelle, wo der Verbindungsweg nach Föhr die Insel verläßt, zerfällt in zwei Reihen von Dünen, die jugendlichen Alters sind. Das erkennt man aus der verhältnismäßigen Regelmäßigkeit der Bildung. Sie scheinen jünger zu sein als die in ihrer Lagerung vielfach gestörten Hauptdünen des Diluvialkörpers. Die hintere der beiden Dünenreihen ist höher; sie erhebt sich bis zu einer Höhe von 14 m. Nördlich von dem Verbindungswege verbreitern sich die Dünen und verlaufen in drei größeren Dünenketten bis zur Nordspitze, um sich wenige hundert Meter davor in der größten Düne des „nördlichen Horns" zu vereinigen.

---

[1] Eine zuverlässige Nachricht über das Zurückwandern der beiden Hörner der Insel finden wir bei Chr. Johansen, Beschreibung der Insel Amrum 1862 S. 14: „Beide Enden oder Spitzen der Insel haben sich seit der Vermessung im Jahre 1800 und 1801 bedeutend nach innen gebogen, was teils in der starken Meeresströmung, teils in der von den Stürmen bewirkten Auflösung und Verschiebung der Dünen seinen Grund hat. Auch hier, nämlich an der Strandseite, kommt zuweilen der alte Kleiboden unter dem Sande wieder hervor; auch sind große Austernschalen zum Vorschein gekommen. Da nun seit Jahren am inneren, östlichen Ufer solche Schalen von den Fischern ausgeworfen werden, liegt die Vermutung nahe, daß die ganze Dünenreihe über diese Schalenhaufen hinweggeschritten ist."

Sie hat eine Höhe von 18 m, und nur wenige der Hauptdünen übertreffen sie an relativer Höhe. Die Längsrichtung der Dünen ist Südwest—Nordost, die nördlichste Düne verläuft fast von Westen nach Osten. Der Verlauf der Dünen und die Biegung des Hornes ist bedingt durch die Strömung des Vortraptiefs, sicherlich auch[1] durch die Ebenheit des Wattbodens, über den die Dünen hinweggewandert sind.

Die Dünen des Hauptkörpers lassen sich in vier Teile zerlegen, die durch vier gegen die See konkave Bögen bestimmt werden:

1. Vom Südende des Risumdammes bis zum Westkap.
2. Vom Westkap bis zur Satteldüne.
3. Von der Satteldüne bis zur Leuchtturmdüne.
4. Von der Leuchtturmdüne bis zum Westende der Wittdün (alter Bahnhofschuppen von Wittdün).

Am stärksten gekrümmt ist der nördlichste Bogen, der die Norddorfer Dünen gegen das Kulturland abschließt. Er erstreckt sich vom Südende des Risumdammes bis zum Westkap. Zwei Hauptketten kennzeichnen den Verlauf der durch diesen Bogen begrenzten Dünen. Die innere wird gebildet durch die Bogenlinie, die das Dünenland nach Osten abschließt. Das nördliche Ende liegt bei den Dünen in der Nähe des Hospizes II von Norddorf. Der Bogen verläuft zunächst nordsüdlich, um sich bei dem sumpfigen Terrain der neuen Vogelkoje nach Südwesten umzuwenden. Betrachtet man diese Kette aus größerer Entfernung, so glaubt man eine geschlossene Dünenkette vor sich zu haben; kommt man aber näher, so erkennt man, daß die Kette ungeheuer stark durch den Wind zerklüftet und in Einzeldünen zerlegt ist. Die Dünen in der Mitte der Kette sind am weitesten landeinwärts gewandert; die Dünen dagegen, die genau dem Dorfe Norddorf gegenüberliegen, sind in ihrer Wanderung nicht so weit gekommen, weil sie vermutlich eher festgelegt worden sind. Da sie durch ihren Sandflug die Siedlung zu überschütten drohten, sind sie nach einer Notiz bereits

---

[1] Meyn, Ludw., Geognostische Beschreibung der Insel Sylt und ihrer Umgebung nebst einer geognostischen Karte S. 83 Berlin 1876.

um 1750 endgültig befestigt worden. In prähistorischer Zeit war dieses Gelände noch dünenfrei. Davon zeugen die zahlreichen Funde von Gerätschaften und Schmuckgegenständen, die man in den Dünen gemacht hat. Sie beweisen uns, daß hier der Mensch schon hauste, ehe die Dünen sich der Insel genähert hatten. Der äußere Rand der Norddorfer Dünen wird durch die Dünen an der Küstenlinie selbst gebildet. Auch diese Kette ist durch die Winde arg zerzaust. Zwischen den beiden Umrandungen liegt ein mit Einzeldünen reich besätes Hügelland, das sich bis auf 9 m senkt. Weite Dünentäler, auf denen der diluviale Boden oft zutage tritt, ziehen sich zwischen den Dünenhaufen hin.

Die Charakteristik der Norddorfer Dünen paßt auch auf die Dünen, die sich im Süden anschließen. Sie werden im Osten durch den Bogen Westkap—Satteldüne begrenzt. Dieser Bogen zerfällt in zwei Halbbögen, von denen der nördliche größer und mannigfaltiger gestaltet ist. Auch hier krönen die Hauptdünen den hinteren Rand, der wiederum als eine ehedem zusammenhängende Kette aufzufassen ist. Auffallend ist der Reichtum an kleineren Dünen vor dem höheren Dünengelände. An der Küstenlinie sind größere Dünen selten, im Bereiche des südlichen Halbbogens fehlen sie an der Küste fast ganz. Von besonderem Interesse erscheint in diesem Bogen die Düne unmittelbar nördlich von der Satteldüne, die ein lehrreiches Beispiel für die Zerstörung der Dünen durch die Atmosphärilien darstellt. Das Meßtischblatt von 1878 verzeichnet sie als eine fast viereckig[1] gestaltete, ungestörte Düne, deren Gipfel in der Mitte der Südseite liegt. Seitdem ist die Düne in folgender Weise umgestaltet worden. An der Luvseite hat der Wind ein Loch in die Düne gefressen. Dieses hat sich zu einem großen Trichter erweitert, bis fast die Hälfte abgetragen worden ist. Dann nahte von Nordwesten eine neue Düne, die sich vor die alte schob. Dadurch wurde das Zerstörungswerk an der alten Düne eingestellt; die neue Düne wuchs aber allmählich

---

[1] „Die älteren Dünen verändern ihre Grundform und gehen mehr in die Breite, sie ‚sacken', wie die Insulaner sagen." Vgl. dazu: Moritz, E., Die Insel Röm. Veröff. d. Inst. f. Meeresk. Berlin, Heft 14, 4 und 5.

mit der alten zusammen, so daß beide heute scheinbar eine Düne bilden, in deren Mitte sich ein tiefes, fast bis auf den Diluvialboden reichendes Loch befindet.

Den Abschluß dieses Bogens bildet die Satteldüne, die höchste und bedeutendste Düne der Insel. Sie erscheint als ein Eckpfeiler, der stehengeblieben und auf der Wanderung nicht soweit gekommen ist wie seine nördlichen und südlichen Nachbarn. Die Form der Düne ist länglichoval, die Längsrichtung von Norden nach Süden; sie ist also von Westwinden aufgebaut worden. Auffallend und weithin sichtbar ist der hellgelbe Sattel, der der Düne eine eigenartige Gestalt verleiht. Die Oberflächenform hat aber nicht der Düne den Namen gegeben, wie man annehmen könnte. Ursprünglich hieß die Düne Sahteldüne; der erste Bestandteil des Wortes stammt von dem friesischen Verbum saht = setzen, so daß also Sahteldüne mit „Setzdüne" zu übertragen wäre[1]. Leider ist die Satteldüne noch in jüngster Zeit durch einen großen Windriß am Südende stark zerstört worden. Es scheint hier die Ausbesserung zu spät erfolgt zu sein; denn sonst hätte der Wind nicht einen so großen Teil der Düne abtragen können.

An die Satteldüne schließen sich nach Südosten eine Reihe von höheren Einzeldünen an, die vermutlich früher ebenfalls eine zusammenhängende Dünenkette gebildet haben. Unter ihnen ist die schönste und von den Bewohnern am besten gepflegte Düne die Leuchtturmdüne. Sie ist unzerstört, seit langem festgelegt und gut bepflanzt. Auf ihre Erhaltung wird von der Regierung der größte Wert gelegt; steht doch auf ihr eins der wichtigsten Feuer der ganzen schleswig-holsteinischen Westküste. Aus Rücksicht auf die Erhaltung der Düne ist auch das Betreten verboten. In Luv ist sie wie die meisten Dünen von Strandhafer und anderen Dünengräsern bestanden; in Lee gedeiht schon die Zwergkiefer. Auch erstreckt sich die kleine Kiefernanpflanzung beim Leuchtturmhause bis an den Leeabhang.

---

[1] „Die Amringer Fischer sollen sie so genannt haben, weil sie dieselbe als Merkzeichen gebrauchen, wenn sie in großer Entfernung auf dem Watt ihre Netze aussetzen." Kohl, I. G., Die Marschen und Inseln der Herzogtümer Schleswig und Holstein Bd. II 1846 S. 32.

Von der Leuchtturmdüne fallen die Dünen seewärts stufenförmig ab. Durch Bewachsung und Form lassen sich verschiedene Altersstufen voneinander sondern. Vor der Leuchtturmdüne liegen regellose Dünenhügel, die einen älteren Typ darstellen als die vor ihnen sich ausbreitenden niedrigeren Ketten. Das helle Weiß der vordersten Dünen endlich verrät eben erst aus knipischem Sande entstandene Jungdünen, die spärlich von Helm besiedelt sind. Hier können wir also im echten Dünengelände eine zeitliche Anordnung der Dünen treffen, wobei es allerdings sehr schwer hält, die einzelnen Typen örtlich zu begrenzen.

In dem letzten Teile der Hauptdünen ist das Bild der Gruppierung ein anderes. Der Schwerpunkt dieser Dünenhaufen liegt wieder in den Dünen der inneren Umrandung; aber auch die mittlere Reihe trägt hohe Dünen. Diese erreichen indes keineswegs die Höhe der Satteldüne oder der Norddorfer Dünen; das Meßtischblatt gibt als höchste Erhebung eine Düne des mittleren Zuges mit 19 m Höhe an. Beim alten Bahnhofschuppen laufen die verschiedenen Ketten zusammen und stoßen an die Wittdün.

b) Das Kulturland.

Im Osten schließt sich an die Dünen das Kulturland an. Während die Oberflächenform der Dünen in ständiger Umbildung begriffen ist, ist das Kulturland seit der Eiszeit im wesentlichen unverändert geblieben. Eine Ausnahme machen nur die Heidepartien an den Dünenrändern, die durch den Flugsand, der von den Dünen ostwärts getrieben wird, eine säkulare Hebung erfahren. Von den Grenzen des Kulturlandes haben wir schon bei der Besprechung der allgemeinen vertikalen Gliederung gesprochen, weil sie für diese von hoher Bedeutung waren: überall scharfe Grenzen, die die Betrachtung sehr vereinfachen.

Das Kulturland stellt eine eintönige Hochfläche dar, deren Gestalt durch den Bodenbau bedingt ist. Sandablagerungen der Eiszeit bilden den Boden dieser Fläche; aus der Art der Ablagerung erklärt sich die Ebenheit des Landes. Nur wenige Erhebungen überragen um einige Meter das Plateau; sie sind teils durch geologische Kräfte entstanden, teils sind es Grabhügel, die von Menschenhand errichtet sind. Die Mehrzahl der Hügel liegt in dem Dreieck Nebel—Steenodde—Leuchtturm, während das Gelände zwischen Norddorf und Nebel fast hügelfrei ist.

Der Geländeabschnitt zwischen Norddorf und Nebel ist daher orographisch am wenigsten gestaltet. Auf dem nördlichen Ausläufer des Diluvialplateaus liegt Norddorf, dessen südliche Häuser noch auf 10 m Höhe liegen. Der Nordrand des Dorfes dagegen liegt schon unter der 5-m-Isohypse. So dacht sich das Dorf also von Süden gegen Norden und Nordosten ab. Von Norddorf steigt das Gelände nach Süden allmählich an bis zu der Bodenwelle, die durch die Höhenzahlen des Meßtischblattes 16,7 östlich und 15 westlich von der Chaussee Norddorf—Nebel bezeichnet werden kann. Von dieser Stelle fällt das Land nach Süden sehr schnell ab. Am Nordausgang von Nebel ist schon die 5-m-Isohypse erreicht.

Das Dorf Nebel liegt in einem Kessel, eine Lage, die für die Entstehung der Siedlung von Bedeutung gewesen ist. An der Westseite wird der Kessel begrenzt durch einen Bogen, der von den beiden Hügeln 16,7 und 15 nördlich von Nebel über Westen zu dem Windmühlenhügel im Süden von Nebel verläuft. Im Nordwesten ist der Bogen am weitesten geöffnet. Von diesem Bogen fällt das Gelände zum Dorf ab; die Abdachung vollzieht sich von Westen nach Osten, so daß die höchstgelegenen Häuser von Nebel im Westen bzw. Südwesten des Dorfes liegen. Dort berührt die 10-m-Isohypse die letzten Häuser. Schon 5 m niedriger liegen die Gebäude an dem Fahrwege Steenodde—Nebel; das Gelände östlich von diesem Wege bleibt unter der 5-m-Isohypse. Die östlichsten Häuser senken sich bis unter 4 m und reichen damit fast bis auf die Springwasserlinie herab.

Südlich von der Linie Kurhaus Satteldüne—Nebel ist das orographische Bild reicher. Aber die Höhenunterschiede sind sehr gering, so daß man von einem welligen Gelände nicht sprechen kann. Drei Erhebungen sind auf dieser Fläche besonders beachtenswert: der Windmühlenhügel südlich von Nebel, der Rücken westlich von Steenodde und der Hügel nordöstlich von Süddorf. Der erstere fällt nach Norden zum Dorfe Nebel ab und nach Südosten zu einer Mulde, die am Nordende der Kliffküste das Watt erreicht. Die größte Höhe und Ausdehnung hat der Rücken bei Steenodde, der sich genau parallel zur Küstenlinie erstreckt. Auffallend ist der sanfte und regelmäßige Abfall zur Küste. Die nördlichen Ausläufer des Rückens reichen bis an die eben bezeichnete Mulde. Der Rücken verläuft zunächst in nordsüdlicher Richtung bis in die Nähe von Steenodde, wo er seine Mitte und größte Höhe, 19 m, erreicht (der Eeshenhuug). Die südliche Hälfte erstreckt sich von dem Mittelpunkt des Rückens bis über den Fahrweg Steenodde—Süddorf. Das Ende des Steenodder Rückens liegt in den kleinen Hügeln an dem Rande des Diluvialplateaus. Von rein lokaler Bedeutung ist der Süddorfer Hügel; seine Höhe beträgt nur 13 m. Alle drei Erhebungen liegen auf der östlichen Hälfte des Kulturlandes, während die westliche Hälfte, die großenteils aus Heideland besteht, völlig ungegliedert ist.

Eine Reihe von heidebestandenen Dünenhügeln grenzen das Plateau gegen Süden ab. Sie führen den Namen Ual Hööw, der in der Amringer Sage oft vorkommt. Zu ihren Füßen erstreckt sich die weite Steenodder Marsch. In dem innersten Winkel durchbricht sie die Dünenhügel und sendet einen kleinen Marschenausläufer bis in die Nähe von Süddorf. Diese kleine Bucht ist sumpfig und oft von stehendem Wasser erfüllt.

c) Die Marschen.

Den Ostrand der Insel umsäumt das Marschenland. Es beginnt im Norden dort, wo der Verbindungsweg nach Föhr abgeht, und begleitet in wechselnder Breite die Dünen bzw. das Kulturland bis an die Wittdün im Süden. Nur an der Küste von Nebel bis Steenodde ist der Marschstreifen unterbrochen. Die größten Marschländereien liegen im Norden und Süden von dem Diluvialplateau, zwischen diesem und den beiden Hörnern der Insel. Ihnen gegenüber erscheinen die übrigen Marschländer klein; auch wirtschaftlich sind sie von untergeordneter Bedeutung.

Das Risummarschenland, welches den Übergang vom Diluvialplateau zum „nördlichen Horn" bildet, zerfällt seinem Bodenbau nach in zwei Hälften. Die östliche Hälfte besteht aus Meeresalluvionen, die westliche aus Hochstrand. So war es zu Meyns Zeiten; heute ist das Bild ein ganz anderes: Der Hochstrand, der die gleiche Höhenlage hat wie die Marsch, 3 m, ist so oft von Sturmfluten überspült worden, daß sich allmählich auf dem Sande eine kleigemengte Schicht von Wattenschlamm abgesetzt hat. So sind jetzt beide Hälften von einer einheitlichen Marschenvegetation bedeckt und zeigen durchaus das gleiche Gesicht[1]. Östlich von Norddorf verengt sich das Marschenland zu einem ganz schmalen Streifen. Zwischen Norddorf und Nebel befindet sich nur eine Strecke breiterer Marsch, das alte Anlunland, 1 km südöstlich von Norddorf. Anlunland = Annaland ist der Rest der Marschen, die zu der im Watt untergegangenen St. Annenkapelle (Sage!) gehört haben sollen. Ein kleineres Marschland liegt unmittelbar bei dem Dorfe Nebel, das aber für die Bewohner nur von sehr geringer Bedeutung ist. Wo die Kliffküste ans Watt tritt, fehlt die Marsch; erst südlich von Steenodde finden wir wieder eine größere Marsch. Es ist die Steenodder Marsch. Durch eine Entwässerungsader, das Gaatal, wird sie in zwei Stücke zerlegt. Das Gaatal entwässert auch die kleine Marsch, die in den Diluvialkörper hineingreift, wie sich aus der Johansenschen Karte ergibt[2]. Die kleinen Teiche, die auf dem Verbindungswege zwischen den beiden Marschen lagen, sind versiegt; auch ist die Durchbruchs-

---

[1] Es muß überhaupt auffallen, daß Meyn die ganze westliche Hälfte des Risumlandes als Hochsand bezeichnet hat. Denn nach Johansens Karte, die den Eindruck großer Zuverlässigkeit macht — war Johansen doch einer der besten Kenner der Insel! —, erstreckt sich die Marsch bereits bis an den Risumdamm heran; Johansen schildert eine dieser westlichen Marschen, Wolweerham, mit folgenden Worten: „Diese Wiesenfläche besteht aus feuchtem, morastigem Marschlande, durch dessen Oberfläche beständig dunkelgefärbtes modriges Wasser, Möd, von unten heraufdringt." Wo Johansen von Marsch spricht, zeichnet Meyn aber Hochsand ein. Hier scheint zweifellos ein Fehler in der Meynschen Karte vorzuliegen!

[2] Reimer Hansen hat in der Zeitschrift für schleswig-holsteinisch-lauenburgische Geschichte Bd. XXIV S. 59 darauf hingewiesen, daß dieses Gatt erst nach 1643 entstanden ist, da es auf Mejers Karte von 1643 noch nicht vorhanden ist. Auf der Karte der Kopenhagener Gesellschaft der Wissenschaften von 1805 ist dagegen ein kleinerer Bach schon verzeichnet. Demnach ist die weitere Ausgestaltung des Gattes der Wirkung des Flutstromes zu danken.

stelle zu der Süddorfer Marschenbucht immer enger geworden, da die Dünenhügel sich mehr und mehr gegen den Durchbruch hin verlagert haben.

Auf Amrum gibt es nur noch auf der Ostseite der Insel Marschen. Begünstigt durch die hydrographischen Verhältnisse haben sie sich hier erhalten können. Aber auch auf der Westseite der Insel, wo sich heute der Knipsand befindet, ist das Vorhandensein von Marschen geschichtlich bezeugt. Sie sind untergegangen; teils sind sie durch Sturmfluten eingerissen worden, teils sind sie von dem ostwärts wandernden Knipsande verschüttet worden. An der Außenküste des Knipsandes, auf dem Boden des Kniphafens wie auch an der Strandlinie des Risumdammes kann man häufig große Marschstücke als Reste der untergegangenen Marschen an der Westküste beobachten.

d) Der Knipsand.

Den Marschen im Osten entspricht im Westen ein Küstenland, welches den jüngsten Bestandteil der Insel bildet, der Knipsand. Erst in den letzten Jahrhunderten ist er entstanden. Die Mejersche Karte von 1643 kennt ihn noch nicht, und es ist daher wahrscheinlich, daß er erst nach 1643 sich über Hochwasser erhoben hat.

Der Knipsand ist eine ebene Sandfläche, die eine mittlere Höhe von 2 m hat. Er erstreckt sich parallel zur Längsrichtung der Insel und hängt mit seinem mittleren Teile bereits mit der Insel zusammen. Die nördliche Hälfte bildet eine mächtige Sandzunge, die im Norden bis an das Südende des Risumdammes heranreicht. Die südliche Hälfte, ein Sandplateau mit einer untermeerischen Fortsetzung bis vor die Wittdün, schmiegt sich ganz der Insel an. Die südliche Fortsetzung des Knipsandes, vom Wrerkhörn an, befindet sich zum großen Teil unter Mittelwasser. Den besten Überblick über die Zugehörigkeit dieser Sände zum Knip gewinnt man bei Ebbezeit vom Leuchtturm oder von dem Trampelweg auf der Wittdün.

Die Gestalt des Knipsandes wechselt Jahr für Jahr. Die Veränderung ist eine zweifache: erstlich findet eine stetige Verlängerung des Sandes nach Norden und am Südende des Sandes nach Osten statt. Zweitens aber verschiebt sich der Knipsand allmählich unter dem Einfluß der Winde und Strömungen auf den Inselkörper zu; er wandert von Westen nach Osten. Das Endergebnis dieser Entwicklungen wird sein, daß der Knipsand völlig mit der Insel verwachsen und den Boden für ein neues Dünenland abgeben wird. Infolge der Versandung des Knipsandes mußte bereits die Norddorfer Landungsbrücke vom Südende des Risumdammes zum Nordende verlegt werden. Es ist im Interesse der Erhaltung des Dammes und der in seinem Schutze liegenden Marschen, daß der Landzuwachs an dieser Stelle weiterhin anhalten möge. Wie im Norden für den Damm, so ist im Süden für die Wittdün die Vergrößerung des Sandes von entscheidender Wichtigkeit; denn durch die weitere Ansandung entsteht allmählich ein vorliegendes Schutzland für die dem Meere so stark ausgesetzte Düne.

Die Ostwärtswanderung des Sandes bezeugen mündliche Berichte der älteren Inselbewohner[1]. Sie erzählen, daß noch in ihrer Jugendzeit, vor 50 bis 60 Jahren, eine Flotte von 30 bis 40 Fischewern im Kniphafen habe ankern können. Damals war also der Kniphafen noch ein bedeutender Ankerplatz. Heute ist der Hafen zur Ebbezeit fast wasserfrei und bietet höchstens am Nordausgang eine Zufluchtsstätte für Boote geringen Tiefgangs.

Die Versandung des Kniphafens ist durch zwei Vorgänge bedingt. Erstens durch die bereits erwähnte Wanderung des Knipsandes. Zweitens durch die Strömungsverhältnisse. Der Knip ist bereits in der Mitte mit der Insel landfest geworden, und der kleine Priel, der ehedem den Knipsand von der Insel trennte, ist unterbrochen worden. Dadurch kann die parallel zur Küste laufende Strömung nicht mehr durch diese Wasserader ihren Weg nach Süden nehmen (bei auslaufendem Strom), sondern es kommt an der Knipbrücke zum Wasserstau. Schlammteilchen und Sand, die die Strömung aus dem Watt entführt hat, sinken zu Boden und erhöhen auf diese Weise den schlammig-sandigen Untergrund des Kniphafens. Die durch

---

[1] Nach Mitteilung des Kapitäns J. Schmidt in Nebel, Vorsitzenden der Amrumer Rettungsstationen und des Strandamtes Föhr, wie auch Beisitzenden beim Seeamt Tönning, und des P. em. Mechlenburg in Steenodde.

diese beiden Entwicklungen bedingte Zusandung des Kniphafens bzw. Verbreiterung des Knipsandes geht sehr schnell vorwärts: schon in wenigen Jahrzehnten wird es keinen Kniphafen mehr geben.

In der Oberflächenform zeigt der Knipsand große Regelmäßigkeit. Die Wassermassen, die alljährlich bei Springtiden über seine Oberfläche fluten, glätten ihn aus, so daß er völlig eben erscheint, besonders in seinem mittleren und südlichen Teile. Hier ist nur ein ganz geringer Böschungswinkel vorhanden. Auf der nördlichen Sandzunge dagegen ist die Sandfläche etwas aufgewölbt und fällt nach beiden Seiten, zum Vortraptief und zum Kniphafen, sanft ab.

Auf dem Knip kommt es auch bereits zur Dünenbildung, wie Reinke[1] mitgeteilt hat. Indes werden die jungen Dünen durch die ständige Überspülung im Winter wieder zerstört, während die Dünenpflanze fest im Boden haftet. Es wird noch lange dauern, bis die Dünen sich werden fest ansiedeln können. Dann aber wird hier ein neues Dünenland entstehen, und gleichzeitig wird der Knipsand ein völlig mit dem Hauptkörper zusammenhängender Bestandteil der Insel werden!

D. Der Bodenbau.

Amrum ist erst in historischer Zeit von seinen Nachbargebieten abgetrennt worden. Sein Bodenbau steht daher noch in engem Zusammenhange mit der Entwicklungsgeschichte des gesamten Nordfrieslandes.

Nordfriesland ist, geologisch gesprochen, ein jugendliches Land. Seine Oberflächengestalt ist, wie die des ganzen norddeutschen Tieflandes, im wesentlichen in der erdgeschichtlichen Periode entstanden, wo Nordeuropa bis an den Rand der deutschen Mittelgebirge vom skandinavischen Inlandeis bedeckt war. Nordfrieslands Boden ist ein Geschenk der Eiszeit, der im Alluvium mannigfaltige Umgestaltungen erfahren hat.

---

[1] Reinke, I., Die Entwicklungsgeschichte der Dünen an der Westküste Schleswig-Holsteins. Sitz.-Ber. d. Preuß. Akad. d. Wiss. Bd. XIII Berlin 1903 zeigt im Bilde „eine 1½ m hohe Triticumdüne von Knipsand, die noch isoliert aus der nassen Sandfläche sich erhebt".

Indes gibt es in Nordfriesland auch noch Zeugen älterer geologischer Perioden. Man hat, und wohl mit Recht, angenommen, daß auch unter Nordfriesland jenes alte, abgesunkene Grundgebirge sich befinde, welches sich unter Schleswig-Holstein und Mecklenburg hinzieht und dort vielfach die Bodenverhältnisse bestimmend beeinflußt hat[1]. In Nordfriesland hat man aber bisher das Grundgebirge an keiner Stelle anstehend getroffen; man hat es noch nicht einmal erbohrt. So müssen wir vorläufig sagen: Amrums Boden ist durch ein etwa vorhandenes Grundgebirge nicht bedingt.

Wir wissen nur so viel, daß in Nordfriesland die ältesten Zeugen der Vergangenheit die tertiären Meeresablagerungen der Insel Sylt sind. Lange glaubte man, daß das Vorkommen von Tertiär in Nordfriesland auf Sylt beschränkt sei. Föhr und Amrum hielt man für Diluvialinseln. Für Amrum ist sehr wenig geologisches Material vorhanden, während wir über Sylts geologische Vergangenheit im allgemeinen sehr gut unterrichtet sind. Der Grund liegt darin, daß Sylt an der ganzen Westküste scharf angeschnitten ist — es fehlen ja bekanntlich die wogenbrechenden Außensände — und daß auch an der Wattküste ein gut erhaltenes Kliff vorhanden ist, das einen vorzüglichen Einblick in den Schichtenbau der Insel gewährt. Auf Amrum gibt es aber Kliffküsten an der Seeseite nur dort, wo alluviales Material ansteht, an der Wittdün und am „nördlichen Horn". Der ganze Hauptkörper der Insel ist von den Produkten der Eiszeit in großer Mächtigkeit überdeckt, so daß man ältere Schichten anstehend nicht trifft. Auch sind Bohrungen bisher nicht in genügender Zahl und Tiefe ausgeführt, so daß man Sicheres über den Inselkern noch nicht sagen kann.

Das einzige angeschnittene Kliff an der Wattküste liegt nördlich von Steenodde und hat seit Meyn die Aufmerksamkeit der Geologen beständig auf sich gezogen. Meyn[2] selbst vermutete auf Grund der an diesem Aufschluß gefundenen reichlichen Tertiärfossilien, daß Amrum hier von Tertiär unterlagert

---

[1] Wolff, W., Die Entstehung der Insel Sylt S. 11 Halle a. S. und Westerland a. Sylt 1910.

[2] Meyn, Ludw., Geognostische Beschreibung der Insel Sylt und ihrer Umgebung nebst einer geognostischen Karte S. 74 Berlin 1876.

sei. Er fand am Steenodder Kliff „rotbraunen Sand und zahlreiche Toneisensteine, die an Limonitsandstein erinnern, ohne daß man denselben wirklich anstehend trifft". Dies ließ ihn, zusammen mit anderen Erscheinungen, „es als wahrscheinlich erscheinen, daß das südliche Ende des diluvialen Körpers der Insel von Miozän unterteuft wird", und hat ihn veranlaßt, „den braunen Sand des Abhanges bei Steenodde bereits auf der Karte so zu bezeichnen". Nach Meyn haben sich hauptsächlich Stolley, Zeise und Petersen mit der Geologie der Insel beschäftigt. Auch von ihnen ist größter Reichtum an Tertiärmaterial an dem Steenodder Aufschluß festgestellt worden; indes ist das Tertiär niemals anstehend getroffen worden. Das erklärt sich aus der Lage des Aufschlusses. Unmittelbar auf dem Kliffrande führt der Fahrweg von Steenodde nach Nebel. Wird nun bei Sturmfluten einmal der Kliffrand unterspült und ein Aufschluß freigelegt, so muß er, um der Erhaltung des Weges willen, sofort wieder zugeschüttet werden. Daher ist es nur unmittelbar nach hohen Sturmfluten möglich, hier einen Einblick zu bekommen. Das ist mir nach der Novembersturmflut des Jahres 1911 gelungen. Der Kliffrand war so weit unterspült, daß die Sande zutage traten. Es konnten an zwei kleinen Aufschlüssen, die nur wenige Meter voneinander entfernt lagen, anstehende Glimmersande und Toneisensande festgestellt werden, die vermutlich — Fossilien wurden nicht gefunden — dem Miozän angehören.

Es beginnt also Amrums erdgeschichtliche Vergangenheit mit dem Miozän. Was war Amrum damals? In der Miozänzeit war das ganze nordwestliche Deutschland im Bereiche der heutigen Nordsee und der Niederungen bis an die Mittelgebirge heran von einem Meere bedeckt, das man als die „Urnordsee"[1] bezeichnen könnte. In Nordfriesland findet man die Ablagerungen dieser „Urnordsee" vornehmlich in den Glimmertonschichten der Insel Sylt. Die tonigen Sande Amrums scheinen dieser und einer späteren Periode des Miozän anzugehören, wie man aus den Lagerungsverhältnissen am Morsumkliff schließen

---

[1] Wolff, W., Die Entstehung der Insel Sylt S. 13 und 18 ff. Halle a. S. und Westerland a. Sylt 1910.

kann. Dort lagern über dem Glimmerton die festen rotbraunen Sandsteinbänke, welche den berühmten Limonitsandstein bilden. Seine Bildung erklärt W. Wolff folgendermaßen: Gegen Ende des Miozän zog sich die Urnordsee, vielleicht unterstützt durch eine Landhebung, zurück. Die Strandlinie rückte von der heutigen Ostküste Schleswig-Holsteins bis zur heutigen Westküste und darüber hinaus. Dadurch wurden die früher meerbedeckten Teile Festland oder sie rückten, wie die nordfriesischen Inseln, in die Brandungszone hinein. Innerhalb der Brandungszone, die westwärts wandernd zu denken ist, wurde der Limonitsandstein abgesetzt. Wir finden ihn daher von Osten nach Westen in vielen Teilen Schleswig-Holsteins. Seine größere oder geringere Mächtigkeit entspricht der längeren oder kürzeren Zeit, während deren sich der Fundort in der Brandungszone befunden hat. Es ist wahrscheinlich, daß die Auffassung Wolffs auch für die Bildung des Amringer Tertiärs ihre Bedeutung hat. Ehe wir aber keine genaueren Mitteilungen über das Tertiär Amrums haben, ist eine völlige Klarheit nicht zu gewinnen. Was das Liegende des Tertiärs ist, konnte noch nicht ermittelt werden.

Für die Morphologie Amrums ist die tertiäre Unterteufung anscheinend von unwesentlicher Bedeutung, weil jüngere quartäre Ablagerungen das Tertiär in großer Mächtigkeit überdecken. Die heutigen Formen der Insel sind einzig durch geologische Vorgänge während der Quartärzeit bedingt. Höchstens insofern könnte man von einer Bedeutung des Tertiärs für den Bodenbau sprechen, als möglicherweise die tertiären Sande ein Lager abgaben, auf dem die eiszeitlichen Produkte ruhen und sich aufschichten konnten. Solange wir aber über die Ausdehnung des Tertiärs auf Amrum nicht näher unterrichtet sind, erübrigt es sich, weitere Ausführungen über die Beziehungen von Tertiär und Quartär zu machen.

Das Diluvium Amrums besteht aus Geschiebedecksand und geschiebefreiem Sand, der ungeschichtet, selten geschichtet gelagert ist[1]. Er besitzt auf der Insel selbst anscheinend eine

---

[1] Struck, R., Übersicht über die geologischen Verhältnisse Schleswig-Holsteins S. 154 Lübeck 1909.

große Mächtigkeit und ist von Bohrungen bisher noch nicht durchteuft worden. Bei allen Bohrungen fanden sich Geschiebe im Sand oder Kies, und zwar Geschiebe von zwei verschiedenen Vereisungen (Petersen)[1].

Geschiebemergel fehlt auf Amrum. Das ist sehr auffällig, wenn man bedenkt, daß sich auf den benachbarten Inseln Geschiebemergel in noch ziemlicher Ausdehnung vorfindet. Es ist noch nicht versucht worden, diese Auffälligkeit zu erklären. Wahrscheinlich wird es sich in dem Amringer Diluvium um aufbereitete Grundmoräne handeln. Dafür spricht auch der ungeheure Blockreichtum der Insel; Amrum muß noch mit vergletschert gewesen sein.

Das Material selbst, der Geschiebedecksand, ist ein fluvioglaziales Produkt, ein „durch Ausschlämmung aus der oberen, zweiten Grundmoräne, dem ‚Blocklehm Meyns‘, hervorgegangener meist geschichteter, selten ungeschichteter, geröllreicher Sand". So die Definition, die Gottsche gegeben hat. Durch diese Definition wird uns klar, wie Amrums Hauptkörper entstanden sein muß: Durch die fluvioglazialen Schmelzwässer wurde der Mergel der Grundmoräne ausgeschlämmt und das Material mitsamt den Geschieben fortgeführt. Die Sande und Gerölle fanden ein Lager auf dem Tertiär Amrums und lagerten sich flächenhaft ab.

Wichtige Aufschlüsse über das Amringer Diluvium bieten uns die Geschiebe, welche sich in den Sanden vorfinden. Sie hat Petersen[1] näher geprüft und dabei festgestellt, daß die Geschiebe Amrums der ältesten (bewiesen durch das Vorhandensein schonenscher und alandischer Geschiebe) und der zweiten Vereisung angehören, während Geschiebe der dritten Vereisung auf Amrum nicht gefunden worden sind. Beide Materialien sind eng miteinander vermischt, so daß man auch über die Entstehung ein noch klareres Bild gewinnen kann. Die Ablagerung ist erfolgt durch eine Ausschlämmung nach der zweiten Vereisung; denn sonst wäre die enge Vermischung der Geschiebe unerklärlich. Wir haben es also in dem Amringer Diluvium

---

[1] Petersen, J., Untersuchungen über die kristallinen Geschiebe von Sylt, Amrum und Helgoland. Zentralblatt für Mineralogie Bd. I 1903.

anscheinend mit einem fluvioglazialen Produkt aus dem Ende der zweiten Vergletscherungsperiode zu tun.

Auffallend groß ist die Zahl der Blöcke, die in dem Geschiebesand eingebettet liegen oder bereits am Strand ausgespült sind. Wir können uns heute kaum noch eine Vorstellung machen von dem früheren Blockreichtum auf der Insel selbst und auf den Inselwatten östlich von Amrum. Denn die Blöcke, die von den Bewohnern in historischer, heidnischer Zeit zu Steinwällen zu Ehren Verstorbener zusammengehäuft waren, wurden später fortgetragen und zum Buhnenbau oder zur Verankerung von Seezeichen verwendet. „Es finden sich auf allen hervorragenden Punkten Amrums Grabhügel, Riesenwälle, Steinsetzungen und dergleichen Denkmäler. Auf der höchsten Spitze bei Steenodde erhebt sich der Eeshenhuug 18 m über dem Meer und ist von vierzig verschiedenen anderen Hügelgräbern umgeben. In dem Dünentale Skalnas, welches ungefähr Norddorf gegenüber liegt, wurde 1844 bei einem heftigen Sturm ein Teil des Diluvialbodens bloßgelegt und dadurch eine Steinsetzung enthüllt, die an Größe vielleicht in keinem Teile Deutschlands übertroffen wird. Dreiundzwanzig verschiedene Steinkreise, der größte mit einem Durchmesser von fünfzehn Schritt, teilweise mit Torsetzungen, ferner vier verschiedene dreieckige, mit konkaven Seiten und geöffneten Winkeln, sowie zwei rechteckige Steinsetzungen, welche bei dem wechselnden Stande der Dünen bisher wahrgenommen und wieder verschüttet sind, bilden offenbar nur einen kleinen Teil des unter Dünen begrabenen Ganzen, als dessen Mittelpunkt ein mit Steinsetzung umgebener Grabhügel gelten muß, der einseitig von Urnen und Knochen erfüllt war[1]."

Der Reichtum an Blöcken auf Amrum hat verschiedene Erklärungen gefunden. L. Meyn weist das Vorhandensein der Blöcke auf Amrum einem besonderen Zeitabschnitt der Glazial-

---

[1] Meyn, Ludw., Geognostische Beschreibung der Insel Sylt und ihrer Umgebung nebst einer geognostischen Karte S. 81 Berlin 1876. Eine Zeichnung bei Meyn gibt uns ein Bild von der Größe und Beschaffenheit der Steinkreise. Vgl. dazu auch: Johansen, Chr., Beschreibung der nordfriesischen Insel Amrum S. 27 f. Schleswig 1862.

periode, der sog. Geschiebeverfrachtung[1], zu und steht mit dieser Ansicht noch ganz auf dem Boden der Drifttheorie. Meyns Ansicht ist längst überholt, seit Torells Vereisungstheorie die Oberhand gewonnen hat. Der Blockreichtum bildet eine weitere Stütze für unsere Auffassung, daß Amrums Diluvium aus aufbereiteter Grundmoräne besteht.

Von der dritten Vereisung ist Amrum nicht berührt worden, da das dritte Inlandeis sich nicht über die Linie Lemvig Viborg nach Süden erstreckt hat[2].

Neben dem Diluvium hat das Alluvium den Hauptanteil an der Zusammensetzung des Bodens der Insel. Wir betrachten deshalb zunächst die geologischen Vorgänge, die von der Eiszeit zum Alluvium hinüberführen.

Die glazialen Produkte hatten ein hügelig-welliges Land geschaffen, aus dem die hohen Inselkörper Sylts, Föhrs und Amrums emporragten. Nach dem Rückzuge des Eises fand in der Postglazialzeit eine negative Niveauverschiebung statt; das Land vergrößerte sich nach Westen zu, vielleicht bis zur heutigen 20-m-Isobathe. Durch das niedrige Land bahnten sich die Festlandströme ihren Weg zwischen den Inseln hindurch und benutzten dabei zum Teil die alten Schmelzwasserrinnen. Nach Haages Ansicht entsprechen die Festlandströme den heutigen Tiefen, während Meyn behauptet, daß die Tiefen erst entstanden sind, als die Marschländer des inneren Wattenmeeres bereits zerstört waren[3].

Im Beginn der Postglazialzeit war Amrum ein Hügel des Festlandes, ein Stück Land, das mit der See in keiner Weise in Berührung kam. Am Rande dieses infolge der negativen Niveauverschiebung stark vergrößerten Landes entstand nun

---

[1] Petersen, J., Untersuchungen über die kristallinen Geschiebe von Sylt, Amrum und Helgoland. Zentralblatt für Mineralogie Bd. I 1903.

[2] Petersen, J., i. d. Zeitschr. d. deutsch. geol. Ges. Mon.-Ber. Bd. VIII 1905 S. 279.

[3] Haage, R., Die deutsche Nordseeküste in physikalisch-geographischer und morphologischer Hinsicht, nebst einer kartometrischen Bestimmung der deutschen Nordseewatten. Inaug.-Diss. Leipzig 1899. Meyn, Ludw., Geognostische Beschreibung der Insel Sylt und ihrer Umgebung nebst einer geognostischen Karte S. 77 Berlin 1876, vertritt die hier geäußerte Ansicht für die Entstehung des Vortraptiefs.

unter dem Einfluß der vorherrschenden westlichen Winde eine Dünenmauer (tertiäres Schutzland, Meyn), welche den Lauf der Ströme hemmte und sie zwang, über die Ufer des niedrigen Diluviallandes zu treten. Es bildete sich in dem stagnierenden Wasser allmählich eine Sumpfvegetation aus; es wurde der Boden für große Strecken von Tiefenmooren geschaffen. Auf Amrums Watten sind indes, soweit mir bekannt, keine Moorböden vorhanden. Die höher gelegenen Teile des Landes, bei denen das Wasser mit der allmählich fortschreitenden Hebung des Landes nicht mehr an die Oberfläche kam, wurden zu Hoch- und Heidemooren. Auf die viel umstrittene Frage der Entstehung der Torfmoore, des „Tuuls", kann hier nicht eingegangen werden, weil sie für Amrum selbst keine Bedeutung hat.

Das äußere Dünenland, welches zu Beginn des Postglazialzeitalters die Flüsse abdämmte, war durch die westlichen Winde allmählich weiter ostwärts geschoben worden und vielleicht von unserer Insel nicht mehr weit entfernt, als beim Übergang zum Jungalluvium, nach Stolley zur Litorinazeit, die positive Niveauverschiebung einsetzte. Die Außendüne wurde angegriffen und zerstückelt. Das in ihrem Schutze gelegene niedrige Land diesseits und jenseits der Inseln wurde zerstört und der Mensch gezwungen, sich auf die hochgelegenen Geestinseln zurückzuziehen.

Verstärkt wurden diese Wirkungen der Landsenkung, als nach der Litorinazeit der Kanal geschaffen wurde[1]. Dadurch trat die Nordsee mit dem Ozean unmittelbar in Berührung; sie wurde aus einem Binnenmeere zu einem Randmeere, das den Gezeiten unterlag. Diese Veränderung ist für die Küstenglieder von ganz gewaltiger Bedeutung gewesen. Zwar scheint die positive Niveauverschiebung aufgehört zu haben, vielleicht dadurch, daß die Nordsee mit dem Ozean zweiseitig verbunden wurde; dafür aber traten mit der Gezeitenbewegung jene ungeheuer verheerenden Sturmfluten ein, die die Küstenlinien bis auf den heutigen Tag jahraus, jahrein verändern.

---

[1] Struck, R., Übersicht der geologischen Verhältnisse Schleswig-Holsteins S. 152 f. Lübeck 1909.

Drei verschiedene Bodenbildungen fallen in die Zeit des Alluviums: die Marschen, die Sände und die Dünen. Wir betrachten zunächst die Entstehung der Marschen. Die noch erhaltenen Marschen liegen sämtlich an der Ostseite der Insel, während an der Westseite alle Marschländereien untergegangen sind. Aber auch die östlichen Marschen sind in einem allmählichen, kaum merkbaren Rückgange begriffen, wie uns ein Blick auf die Geerzsche historische Karte von 1888 zeigt.

An der Marschbildung sind die See und die Festlandflüsse beteiligt. Die Fluß- und Meeressedimente, letztere durch die Gezeiten hineingetragen, wurden bei Flutzeit auf dem niedrigen Lande hinter den Hügeln abgelagert und blieben dort liegen. Im einzelnen ist die Frage der Marschbildung an der nordfriesischen Küste noch nicht geklärt, da bisher noch zu wenig Bohrungen gemacht sind. Die Marschenzone Amrums lehnt sich unmittelbar an den Inselkörper selbst an. Hart am Diluvium liegen die Verlandungsbuchten südlich von Steenodde und am Risum, wie auch die einzelnen Marschstreifen an der Ostseite der Insel. Ursprünglich war die ganze Insel an der Ost- und Westseite von einem Marschengürtel umgeben, der sich an der Ostseite bis zu den Inselmarschen von Föhr erstreckte.

Die andere Gruppe alluvialer Bildungen sind die Sandbildungen auf der Westseite der Insel, die die jüngsten Bausteine der Insel darstellen. Wind und Wasser haben gleichen Anteil an der Entstehung. Als die Landsenkung einsetzte, war Amrum noch ein kahler, blockbesäter Diluvialhügel von vielleicht größerer Ausdehnung, als wir heute das Diluvium auf der Insel antreffen. Dafür, daß die Dünenbildungen auf Amrum selbst ganz der geschichtlichen Periode angehören, sprechen die zahlreichen archäologischen Funde, welche man in den durch Wind vom Dünensand befreiten Stellen des Dünenlandes gemacht hat. Sie beweisen uns, daß der Mensch des Bronzezeitalters von dem Herannahen der Dünen noch nichts geahnt hat.

Amrum wurde also erst zur Litorinazeit zu einem Küstenland; es wurde in die Brandungszone unmittelbar hineingezogen. Vorher war es Festland, dem vielleicht schon ein Dünenland vorgelagert war. Man nimmt an, daß die Senkung sich so weit vollzogen hat, daß die eigentliche Küstenlinie bis an den Rand der Festlandsgeest Schleswig-Holsteins zurückverlegt wurde; in den Sandhügeln des Geestrandes sieht man die zur Hügelbildung ausgespülten Meeressedimente, und in den kliffartigen Abhängen erkennt man die alte Küstenlinie[1]. Spuren einer älteren, höheren Küstenlinie sind auf Amrum nicht gefunden worden. Amrum hatte sich schon einmal in der Brandungszone befunden, und zwar zur Miozänzeit. Aber wie ganz anders lagen damals die allgemeinen geographischen Verhältnisse als in unserer Zeit! Damals war die „Urnordsee" ein ruhiges, an Charakter dem Mittelmeer vergleichbares Binnenmeer, das in stetigem Rückgange begriffen war. Warmes, subtropisches Klima herrschte. Die Ablagerung der Meeressedimente erfolgte in ruhigem Wasser. Anders heute. Die Nordsee ist ein Randmeer, das in vollem Maße den Wirkungen der Gezeiten ausgesetzt ist. Dieser ausgleichenden Wirkung der Gezeiten verdanken wir die abgerundete Form der Insel. Sie ist ein Geschenk der jüngsten erdgeschichtlichen Periode, der geschichtlichen Zeit.

Was geschieht innerhalb der Brandungszone heute? Der Sand wird vom Meere ausgespült und auf den Strand geworfen. Er lagert nicht lange, sondern wird von den Winden gefaßt und landeinwärts getrieben, bis er durch die Pflanzen zum Haltmachen gezwungen wird. Es entstehen die Dünen. Dünenbildung ist nur an der Westseite der Insel möglich; der ganze Westrand der Insel ist mit Dünen besetzt. Auf allen Inseln der schleswig-holsteinischen Westküste finden wir die gleiche Entwicklung: wo Sandstrand vorhanden, unter dem Einfluß der westlichen Winde Anhäufung des Sandes zu Dünen. Die Dünen-

---

[1] Johansen, Chr., Das westschleswigsche Küstenland im 13. und 14. Jahrhundert und die Johannes Mejerschen Karten des alten Nordfrieslands vom Jahre 1240. Schleswig. Gymn.-Progr. 1867. Wolff, W., Die Entstehung der Insel Sylt. Halle a. S. und Westerland a. Sylt 1910. Braun, G., Entwicklungsgeschichtliche Studien an europäischen Flachlandsküsten und ihren Dünen. Veröff. d. Inst. f. Meeresk. zu Berlin. H. 15. 1911. Abwartend verhält sich dieser Frage gegenüber die soeben erschienene Arbeit von Wilhelm Ordemann: Beiträge zur morphologischen Entwicklungsgeschichte der deutschen Nordseeküste mit besonderer Berücksichtigung der Dünen tragenden Inseln. Mitt. d. Geogr. Ges. z. Jena 1912 S. 51.

kränze begleiten die Küstenlinie ganz Nordfrieslands, von Eiderstedt über Amrum, Sylt, nach Röm. Frei von Dünen sind die Binneninseln und die Marschinseln.

Über die Ausdehnung, Entstehung und das Material der Dünen ist bereits in der Morphologie gehandelt worden. Es dürfte in dieser chronologischen Anordnung der Bodenbildungen aber von Wert sein, noch einmal darauf hinzuweisen, daß die Dünen der jüngsten Periode angehören; ihre Bildung setzt etwa vor 4000 Jahren ein (Wolff), nach Meyn sogar erst vor 2000 bis 3000 Jahren, was sicherlich zu niedrig gegriffen ist. Die Bildung der Dünen darf um den Anfang des vorigen Jahrhunderts als abgeschlossen gelten.

Wir stehen in der Schilderung der Entwicklungsgeschichte unmittelbar am Rande der geschichtlichen Periode, und es bleibt nur noch wenig zu erwähnen: In historischer Zeit hat Amrum eine starke Verkleinerung seines Areals erfahren. Ein großer Teil des Marschenlandes, das das Meer zum Teil selbst geschaffen hatte, ist durch die Sturmfluten wieder verloren gegangen. Dabei ist Amrum auch von Föhr getrennt worden. Durch die Gezeiten wird heute noch die Küstenlinie der Insel bearbeitet.

In der Neuzeit entstand der Knipsand. Zu Mejers Zeit, 1643, existierte er noch nicht, und so hat ihn auch Geerz auf seiner historischen Karte noch nicht eingezeichnet. Sicherlich ist er aber damals bereits als Sandbank vorhanden gewesen. Über diese Sandbank, deren Längsrichtung von Norden nach Süden verlief, strömten die Wassermassen des Vortraptiefs dahin, das sich bis fast an den Inselfuß ausdehnte. Der Sand wuchs allmählich über Mittelwasser hinaus, um dann auch bei Hochwasser trocken zu fallen. Ein schmaler Priel trennte nur noch den Sand von der Insel. Wann die Brücke zwischen Knipsand und der Insel geschaffen wurde, steht nicht fest; sie ist als eine Anlandung aufzufassen, die sich heute nach Norden und Süden fortsetzt. Am schnellsten ist die Entwicklung im Süden vor sich gegangen; dort ist der Sand bereits mit der Insel verbunden.

E. Das Klima.

Für die Betrachtung der allgemeinen geographischen Verhältnisse unserer Insel ist das Klima von besonderer Wichtigkeit; denn ihm verdankt Amrum den großen wirtschaftlichen Aufschwung innerhalb der letzten 20 Jahre.

Klimatologisch bildet Amrum keine besonders bedeutende Insel und kein selbständiges Gebiet. Es nimmt teil an allen Witterungserscheinungen, die innerhalb des Nordseegebietes vorherrschen. Amrum hat ein echtes ozeanisches Küstenklima, dessen besondere Eigentümlichkeiten durch die geographische Lage der Nordsee einerseits und durch Amrums Lage an diesem Randmeere andererseits gegeben sind. Die Nähe des Meeres beherrscht Amrums Klima vollkommen.

Von den nordfriesischen Inseln springt Amrum am weitesten nach Südwesten heraus und stellt somit den ausgezeichnetsten Vertreter ozeanischen Klimas innerhalb der nordfriesischen Inseln dar. Höchstens Sylt könnte in Anbetracht seiner geographischen Lage mit Amrum konkurrieren, während Föhr, durch Hörnum und Amrum gegen die direkten Seewinde abgedeckt, das Seeklima lange nicht in der Reinheit genießt wie unsere Insel.

Auf Amrum selbst sind die Bodenverhältnisse und die Lage der einzelnen Ortschaften zur See entscheidend für die Wirkung der klimatischen Elemente. Diejenigen Ortschaften und Landstriche, welche höher und zugleich westlicher gelegen sind, haben das Seeklima unmittelbarer als die, welche durch die Dünen geschützt und niedriger liegen. Wittdün, auf freier Höhe der weißen Düne gelegen, und Norddorf infolge seiner randlichen Lage an dem Durchbruch der Dünenkette beim Risumdamme haben die echte, reine Seeluft, Wittdün noch mehr als Norddorf. Steenodde, Süddorf und Nebel dagegen liegen östlich von den Dünen und in ihrem Schutz und bekommen den Seewind nicht aus erster Hand. Besonders im Kessel von Nebel herrscht die Seeluft in milderer, gemäßigterer Form.

Amrums Klima, so sagten wir, ist durch die Nähe der Nordsee und des Ozeans bestimmt und deshalb ein ozeanisches. Aber auch der Einfluß des benachbarten Kontinents ist zu gewissen Zeiten zu spüren; er ist jedoch sehr gering.

Einige Worte zunächst über das Material, auf Grund dessen wir unsere Darstellung geben. Es ist bedauerlich, daß wir von den Messungen, die auf der Insel selbst gemacht werden, keine benutzen können, weil sie entweder nicht genau sind oder einen zu kurzen Zeitraum umfassen, um zu einer Klimaschilderung verwendet zu werden. Es sei aber doch gestattet, hier anzuführen, was für meteorologische Messungen auf Amrum bisher ausgeführt worden sind und was für meteorologische Einrichtungen sich auf der Insel befinden. Es existiert auf Amrum eine Sturmwarnungsstelle, deren Tagebücher, seit 1888 geführt, sich auf der Deutschen Seewarte befinden. Während die ersten Jahrgänge nur für Sturmtage kurze Angaben machen, finden sich seit 1891 tägliche, dreimalige — 8a, 2p, 8p — Beobachtungen der Windrichtung und der Windstärke sowie über den Witterungszustand zur Zeit der Beobachtung. Seit 1904 kommen dazu noch Niederschlagsmessungen von 8a und 8p. Während des Hängens von Sturmsignalen sind zweistündige Beobachtungen von Wind, Witterung, Temperatur und Barometerstand gemacht worden, und teilweise finden sich ähnliche Beobachtungen zu Zeiten, wo stürmische Winde auftraten, ohne daß Signale hingen. Die Perioden der Messungen auf Amrum sind noch zu kurz, als daß sie für unsere Zwecke Verwendung finden könnten; für den Gang der Temperatur fehlen zuverlässige Messungen überhaupt noch. Wir sind deshalb gezwungen, aus den Werten der Nachbarstationen, von denen bereits längere Messungsperioden vorliegen, die Werte für Amrum annähernd zu bestimmen. Wir wählen Keitum auf Sylt, Helgoland, Borkum, Wilhelmshaven, Hamburg, Husum und Meldorf.

I. Temperatur.

Die Hauptcharakteristika ozeanischen Klimas sind verhältnismäßig hohe Jahrestemperaturen, kühle Sommer und warme Winter. Das zeigt sich auch in den Jahrestemperaturen der von uns gewählten Stationen. Die Jahrestemperatur beträgt in:

Borkum	8,5	Keitum (nach van Bebber)	7,8
Wilhelmshaven	8,2	Westerland (nach Kremser)	8,2
Helgoland	8,5	Husum	8,2
Hamburg	8,2	Meldorf	8,1

Auffallend niedrig ist der von van Bebber[1] mitgeteilte Wert für Keitum. Ein anderer Wert, den uns Kremser gibt, scheint der Wirklichkeit näher zu kommen.

Aus dieser Tabelle der Jahrestemperaturen geht hervor, daß wir es in der Nordsee mit einem der wärmsten Gebiete Deutschlands zu tun haben. Der Einfluß des golfstromgewärmten Ozeans macht sich hier noch entscheidend bemerkbar. Gehen wir weiter nach Osten, so nimmt die Jahrestemperatur allmählich ab. In der Nordsee dürfte Amrum in Beziehung auf die Jahrestemperatur mit zu den kühlsten Gebieten gehören. Der Rand der Nordsee ist kühler als die Mitte. Von Helgoland differiert Amrum-Westerlands Temperatur bereits um $3/10$ Grade. Man erkennt, daß die weiter östliche Lage der Inseln Sylt-Amrum und die größere Nähe des Kontinents diese geringe Differenz in der Jahrestemperatur bedingen. An der südöstlichen Küste der Nordsee herrscht von Wilhelmshaven über Cuxhaven bis nach Sylt — Borkum scheidet bei dieser Betrachtung wegen seiner mehr ozeanischen Lage aus! — die gleiche Temperatur, 8,2. Die Temperatur ist auch dem Küstenstreifen noch eigen: wir treffen sie bis nach Hamburg und Husum—Meldorf hin. Wollen wir also Amrum nach der Jahrestemperatur in bezug auf seine Nachbargebiete charakterisieren, so dürfen wir es als einen vorgeschobenen Posten der Temperatur des kühleren Küstenstreifens (8,2) gegenüber der wärmeren Nordseetemperatur, die uns in Helgoland (8,5) veranschaulicht wird, betrachten.

Lehrreich und interessant ist der Vergleich zwischen den Nordseestationen und einigen Stationen des westlichen Teiles der Ostsee.

---

[1] Die Werte für Borkum, Wilhelmshaven, Keitum, Hamburg, Kiel sind entnommen aus W. J. van Bebber, Klimatafeln für die deutsche Küste, 25 jährige Beobachtungen aus den Jahren 1873—1900. Ann. f. Hydrogr. 1904 S. 529 ff. Die Werte für Husum und Meldorf, die als Vergleichsstationen für die Küste herangezogen sind, sind von mir berechnet nach den Tabellen, die Ph. Grühn, Die Temperaturverhältnisse in Schleswig-Holstein, Gymn.-Progr. Meldorf 1896, veröffentlicht hat. Die Grühnschen Tabellen enthalten im allgemeinen ebenfalls 25 jährige Messungen. Die Temperaturangabe für Westerland entstammt: Kremser, Das Klima Helgolands, Ann. f. Hydrogr. 1891 S. 177.

Es haben:

Kopenhagen[1]	. . . 7,7	Poel[2]	 7,7
Kiel	 7,4	Rostock[2]	. . . 7,9

Wir sehen recht den Unterschied zwischen Nord- und Ostsee. Die Nordsee steht ganz unter dem Einflusse des Meeres. Daher die hohe Jahrestemperatur. Die winterliche Wärme scheint die Jahrestemperatur in der Nordsee gleichsam heraufzuschrauben. Anders in der Ostsee. Dort wirkt im Sommer das Meer abkühlend wie an der Nordsee. Im Winter aber tritt die Wirkung des Meeres zurück gegenüber der des Kontinents. Die Erkaltung des Kontinents wirkt auch in erheblichem Maße auf die Ostsee, und so kommt es, daß auch die Wintertemperaturen der Ostseestationen niedrig sind. Infolgedessen wird das Jahresmittel heruntergedrückt; die Jahrestemperaturen der Ostsee sind niedriger als die der Nordsee.

Den Übergang vom ozeanischen Nordseeklima zum kontinentaleren Ostseeklima kennzeichnet die Linie Helgoland 8,5, Westerland 8,2, Kopenhagen 7,7 oder Helgoland 8,5, Meldorf 8,2, Kiel 7,4. Der thermische Gradient beträgt ungefähr 1 Grad.

Daß Amrums Klima in erster Linie von den Wirkungen, die die Nordsee ausübt, bedingt ist, zeigt vornehmlich der Verlauf der Winterisothermen. Infolge des starken ozeanischen Einflusses herrscht an der nordfriesischen Küste während des Winters das wärmste Klima in ganz Deutschland. Ja, Helgoland erscheint selbst wärmer als die 8 Grad südlicher gelegenen klimatischen Kurorte Bozen, Meran, Montreux und selbst Lugano[3]. Abgesehen wird dabei natürlich von den nordwestlichen Stationen Deutschlands, wie Aachen, Kleve usw., die wegen ihrer dem Ozean näheren Lage höhere Wintertemperaturen haben als Helgoland und die nordfriesische Küste.

Wir verzeichnen umstehend zur Veranschaulichung der Wintertemperaturen die Werte der von uns gewählten Stationen:

---

[1] Hann, J., Lehrbuch der Klimatologie Bd. III S. 193.
[2] Ule, W., Geographie von Mecklenburg 1909 S. 58.
[3] Kremser, Das Klima Helgolands. Ann. f. Hydrogr. 1891 S. 179.

	Temperatur im	
	Januar	Februar
Borkum	0,6	1,6
Wilhelmshaven	0,1	1,2
Helgoland	1,6	1,5
Keitum (nach van Bebber)	0,1	0,4
Westerland (nach Grühn)	1,0	1,1
Hamburg	0,6	0,4
Husum	0,4	0,4
Meldorf	0,4	0,1

Die beiden für die Beurteilung von Amrums Wintertemperatur wichtigen Werte sind der für Helgoland und der nach Grühn von mir berechnete für Westerland; der von van Bebber mitgeteilte Wert scheint auch hier wiederum nicht richtig zu sein, denn er gibt den wahren Wert um über $^1/_2$ Grad zu niedrig an. Amrum hat also einen äusserst milden Winter, dessen Temperatur im Monatsmittel nicht unter 0 Grad sinkt. Unsere Insel dürfte sich etwa auf 1 Grad Winterisotherme befinden. Sehr schnell geht die Abkühlung ost- und südostwärts vor sich. Husum hat nur noch ein Januarmittel von 0,4, und Hamburg bleibt bereits unter 0 Grad Isotherme.

An der friesischen Küste herrschen ungefähr dieselben Januar- wie Februartemperaturen. Bei Helgoland liegt die niedrigste Monatstemperatur sogar im Februar. Der Eintritt der tiefsten Temperatur ist also hier um einen Monat, an unserer nordfriesischen Küste um mindestens 14 Tage gegenüber Mitteldeutschland verzögert. Diese Verzögerung der Wintertemperatur erklärt sich durch die Nähe des Meeres. Während der Kontinent sehr schnell erkaltet, behält das Meer wegen seiner großen spezifischen Wärme die Wärme länger, und es bleibt deshalb die Lufttemperatur bis in den Winter hinein eine höhere[1]. Die Frostwirkung auf den nordfriesischen Inseln tritt so verspätet ein, daß man, um nur ein Beispiel zu erwähnen, noch

---

[1] Kremser hat die Beziehungen zwischen der Temperatur des Meerwassers und der Luft für Helgoland untersucht und gefunden, daß die Temperatur der Luft sich in völliger Abhängigkeit von der des Meerwassers befindet. Vgl. dazu Kremser, Das Klima Helgolands. Ann. f. Hydrogr. 1891, Tabelle II S. 181: Temperatur des Oberflächenwassers bei Helgoland.

um Weihnachten Rosen pflücken kann, eine pflanzengeographisch sehr beachtenswerte Tatsache. Die winterliche Abkühlung findet also auf Amrum sehr langsam statt und dürfte erst Ende Januar bis Anfang Februar ihren Höhepunkt erreicht haben.

So langsam sich im Winter die Luft über Nordfriesland abkühlt, so langsam steigt die Lufttemperatur wieder im Frühling bis zu dem höchsten Wert, den sie erst im August erreicht. Die Sommertemperaturen sind folgende:

	Temperatur im Juli	August
Borkum	16,4	16,4
Wilhelmshaven	16,4	16,1
Helgoland	15,8	16,2
Keitum (van Bebber)	16,0	15,9
Westerland (Grühn)	16,0	16,2
Hamburg	16,8	16,4
Husum	17,0	16,5
Meldorf	16,8	16,6

Wir haben hier wie im Winter die gleiche Gesetzmäßigkeit. Der Eintritt der höchsten Monatstemperatur verzögert sich am längsten auf Helgoland, wo sie erst im August erreicht wird, während sie im übrigen Deutschland einen Monat früher eintritt. Auch die nordfriesische Küste wird von dem Einflusse der ozeanischen Lage berührt: auf Amrum-Sylt tritt der Hochsommer erst in den ersten Tagen des August ein. Nach dem van Bebberschen Werte dürfte auf Amrum, das ja noch etwas südlicher als Keitum gelegen ist, der Hochsommer genau um die Wende von Juli und August liegen; nach Grühn würde das Maximum erst in den ersten zehn Tagen des August zu suchen sein, und das erscheint im Vergleich mit Helgoland wahrscheinlicher zu sein. Die Vergleichsstationen Wilhelmshaven, Hamburg, Husum, Meldorf mit ihren kühleren Augusttemperaturen zeigen uns, daß sich unter dem Einflusse der tieferstehenden Sonne die Abkühlung des Kontinents bereits vorbereitet, während auf der Nordsee die Wirkung der ozeanischen Wärme die Lufttemperatur noch völlig beherrscht.

Der Herbst auf Amrum ist warm, wie sich aus obiger Darlegung von selbst ergibt. Besonders begünstigt ist der September, der an der gesamten deutschen Nordseeküste wärmer ist als der Juni. So erklärt es sich, daß im September an der Nordsee die Badesaison oft noch in voller Blüte steht, „während aus den Sommerfrischen in den Bergen alles zu flüchten beginnt[1]."

Kalt ist das Frühjahr, besonders in den Monaten April und Mai. Die Temperaturen der Küste bleiben hinter denen des Binnenlandes ganz erheblich zurück:

	Temperatur im April	Mai
Borkum	6,8	10,4
Wilhelmshaven	6,9	11,0
Keitum	5,9	10,4
Hamburg	7,4	11,7
Helgoland	5,7	9,7
Halle[2]	8,3	13,1
Hannover[3]	7,6	12,1

Die Apriltemperaturen bleiben zum Teil um über zwei Grad hinter den Jahrestemperaturen zurück; in Helgoland ist der Unterschied am größten. Die langsame Temperaturzunahme der Luft in den Monaten Februar, März und April ist eine ganz bekannte Erscheinung des Seeklimas. Folgende Tabelle zeigt uns, wie die Temperaturzunahme in den Monaten Januar-April bzw. Januar-Mai vom Atlantik nach Rußland, von Westen nach Osten sich erhöht, wie also damit der ozeanische Einfluß allmählich in den binnenländischen übergeht.

Temperaturzunahme in den Monaten

Januar-April		Januar-Mai	
Scillyinseln	1,9	Nordseeküste	5—6
Plymouth	3,5	Helgoland	8
Helgoland	4,0	Mitteldeutschland	13
London	6,1[4]	Masuren	17[5]

---

[1] Kremser, Das Klima Helgolands. Ann. f. Hydrogr. 1891 S. 179.
[2] Ule, W., Heimatkunde des Saalkreises S. 208 Halle a. S. 1909.
[3] Hann, J., Handbuch der Klimatologie Bd. III[3] S. 192.
[4] Hann, J., Handbuch der Klimatologie Bd. III[3] S. 201.
[5] Kremser, Das Klima Helgolands. Ann. f. Hydrogr. 1891 S. 179.

Vergleichen wir die Januar-April-Werte auf Amrum und den zunächstgelegenen Stationen, so sehen wir, daß Amrum auch an dem verspäteten Eintritt des Frühlings erheblichen Anteil haben muß. Das zeigt sich auch auf der phänologischen Karte von Ihne über den Frühlingseinzug in Deutschland[1]. Danach tritt der Frühling auf Amrum erst zwischen dem 13. und 19. Mai ein; auf Sylt erst zwischen dem 20. und 26. Mai. Das bedeutet eine Verzögerung des Frühlingseinzuges um vierzehn Tage gegenüber Mitteldeutschland. Diese Tatsache macht sich auch in den wirtschaftlichen Verhältnissen geltend. Die ersten Badegäste pflegen sich verhältnismäßig spät einzustellen (Mitte Juni).

Durch die Temperatur sind die Eisverhältnisse an der Küste bedingt. Diese sind sehr wechselnd, weil die Frostperioden allwinterlich verschieden sind. Von der Deutschen Seewarte, Abteilung III, werden seit 1903/04 ständige Beobachtungen über die Eisverhältnisse gemacht, die für die Schiffahrt von großem Werte sind. Auch auf Amrum befindet sich eine Beobachtungsstation, die mit der meteorologischen Station verbunden ist. Die Amrum umgebenden Tiefen, Schmaltief, Vortraptief und Norderaue, sind in normalen Eisjahren[2] eisfrei; d. h. die Tiefen sind in solchen Jahren von keinen oder so geringen Eisstücken erfüllt, daß der Schiffahrt dadurch in keiner Weise Eintrag geschieht. Was für das Meer und die Zugangsstraßen gilt, gilt allerdings nicht im Wattenmeer und auf den Außensänden, die bei Ebbe trocken fallen. Bei Niedrigwasser gefriert das Wasser auf den Sänden und Watten sehr schnell; zur Flut wird das Jungeis überspült und bildet eine erhöhte Reibungsfläche, auf der sich bei wiedereintretender Ebbe kleinere Eisschollen ablagern und auftürmen. Die Gezeiten lassen die Bildung einer einheitlichen Eisdecke aber nicht zu. In strengen Wintern bildet das Eis ein Hindernis für den Wattverkehr nach Föhr. So war z. B. die Verbindung zwischen Föhr und Amrum im Winter 1911 mehrere Wochen lang unterbrochen.

Die Milde des ozeanischen Klimas kommt auch in der Zahl der Eis- und Frosttage zum Ausdruck. Helgoland hat 17,7 Eis-

---

[1] Petermanns Mitteilungen 1905.
[2] Die Eisverhältnisse an deutschen Küsten. Ann. f. Hydrogr. 1904 S. 402

und 62,0 Frosttage und nur 3,5 Sommertage. Auch in dieser Beziehung also größte Milderung der Temperaturgegensätze! Wir nehmen zum Vergleich eine Ostsee- und zwei Binnenlandstationen:

	Eistage	Frosttage	Sommertage
Rostock	26	96	25
Halle a. S.	23	82	33
Frankfurt a. M.	21	72	47

Die frostfreie Zeit beträgt auf Helgoland im Durchschnitt 231 Tage.

Die verhältnismäßige Gleichmäßigkeit des Klimas zeigt sich auch darin, daß die tägliche mittlere Temperaturschwankung an der Küste die kleinste in ganz Deutschland ist. Es beträgt die mittlere Jahresamplitude in:

Helgoland	14,7	Kiel	16,0
Westerland	15,5	Hannover	17,3
Meldorf	16,5	Berlin	19,4
Emden	16,5	Frankfurt a. M.	19,4 [1]

Auch hieraus ersehen wir die große Gleichmäßigkeit des Klimas unter dem Einflusse des ozeanischen Charakters der Küste.

Wollen wir Amrums Klima in bezug auf seine Temperatur kennzeichnen, so tun wir dieses am besten mit Kremsers für Helgoland geprägten Worten: Herbst warm, Winter mild, Frühjahr kalt, Sommer kühl [2].

Temperaturtabelle für Amrum,
interpoliert nach den Werten für Westerland, Keitum und Helgoland.

Januar	1,0	Mai	10,3
Februar	1,2	Juni	14,4
März	2,0	Juli	16,0
April	5,9	August	16,2

---

[1] Kremser, Das Klima Helgolands. Ann. f. Hydrogr. 1891 S. 178.
[2] Kremser, Das Klima Helgolands. Ann. f. Hydrogr. 1891 S. 228.

September ... 13,5   November ... 4,7
Oktober 8,9   Dezember 1,8
Jahr 8,2

II. Luftfeuchtigkeit, Bewölkung und Niederschlag.

Durch die geographische Lage Amrums am Rande der Nordsee erklärt es sich, daß Luftfeuchtigkeit, Bewölkung und Niederschlag wesentlich höher sind als im Binnenlande. Die Nähe des Meeres ist auch hier bestimmend: gerade auf der Berührungsfläche von Wasser und Land muß es viel häufiger zur Kondensation und zur Annäherung an den Sättigungspunkt kommen als dort, wo Luft und Land einander berühren. So ist denn auch tatsächlich während des ganzen Jahres der Wasserdampfgehalt der Luft nur wenig von dem Sättigungspunkt entfernt. Daher ist auf Amrum die relative wie die absolute Feuchtigkeit sehr hoch. Wir wollen wiederum, da von Amrum selbst keine Messungen vorliegen, aus den Werten einiger Nachbarstationen das Bild konstruieren und wählen dafür die bereits zitierten Quellen van Bebber und Kremser.

Absolute Feuchtigkeit in Millimetern.

	Borkum	Wilhelmshaven	Helgoland	Keitum	Meldorf	Hamburg	Berlin
Januar ..	4,6	4,4	4,6	4,5	4,5	4,2	3,9
Februar ..	4,9	4,7	4,5	4,5	4,7	4,5	4,1
März ...	5,2	4,9	4,6	4,9	4,9	4,8	4,5
April ..	6,4	6,0	5,4	6,0	6,1	5,8	5,7
Mai ...	8,2	7,8	7,0	7,9	7,5	7,6	7,2
Juni ...	10,4	10,9	9,5	10,0	9,9	9,9	9,6
Juli ...	11,5	11,3	11,0	11,2	11,5	11,3	10,7
August ..	11,6	11,4	11,2	11,3	11,3	11,2	10,5
September .	10,4	9,9	9,8	10,0	9,9	9,7	8,9
Oktober .	8,0	7,6	7,5	7,7	7,4	7,4	7,2
November .	6,2	5,9	5,8	6,0	5,5	5,7	5,0
Dezember .	5,1	4,8	4,9	5,0	4,7	4,7	4,2
Jahr ...	7,7	7,4	7,2	7,4	7,3	7,2	6,6

Relative Feuchtigkeit in Prozenten.

	Borkum	Wilhelms-haven	Helgoland	Keitum	Meldorf	Hamburg	Berlin
Januar . .	93	90	88	92	90	91	84
Februar . .	92	88	88	91	88	88	80
März . . .	87	83	85	88	84	82	76
April . .	83	78	81	83	79	73	69
Mai . . .	84	75	78	79	75	69	65
Juni . . .	81	76	80	78	76	71	66
Juli . . .	80	79	82	79	77	76	67
August . .	81	80	81	81	80	77	69
September .	83	82	80	84	83	81	73
Oktober .	87	86	80	87	86	85	79
November .	90	88	82	90	89	89	83
Dezember .	92	90	85	92	91	91	84
Jahr . . .	86	83	82	86	83	81	75

Wie bei der Temperatur so liegt auch beim Dampfgehalt das Minimum im Januar-Februar, auf Helgoland im Februar, während das Maximum im Juli-August eintritt. Man erkennt deutlich die Parallelität zwischen Temperatur und absoluter Feuchtigkeit. Bei der relativen Feuchtigkeit liegt das Maximum im Winter, und zwar steigt es vom November bis Dezember und fällt gleichmäßig im Januar-Februar wieder ab. Während des Winters ist die relative Feuchtigkeit in den Randgebieten der Nordsee, Borkum, Wilhelmshaven, Keitum ganz unverhältnismäßig hoch, während Helgoland um 4—5% gegen die Küstenstationen zurückbleibt.

Infolge der hohen relativen Feuchtigkeit ist die Bewölkung eine außerordentlich starke. Im Winter namentlich ist die Bewölkung durch die Annäherung an den Sättigungspunkt bedingt, während im Sommer die verhältnismäßig niedrige Temperatur die Luft zur Kondensation zwingt. Die Bewölkung beträgt an der deutschen Nordseeküste 65% im Jahresmittel (Borkum, Wilhelmshaven, Keitum); Helgoland soll nach Kremser die außerordentlich hohe Bewölkungsziffer von 7,7 haben (nach einer zehnjährigen Beobachtungsperiode), d. h. in Helgoland sind im Jahre durchschnittlich 77% des Himmels von Wolken bedeckt. In der monatlichen Verteilung der Bewölkung erscheint der Mai als derjenige Monat, der die geringste Himmelsbedeckung zeigt; sie beträgt nur 55%. Es hängt das zweifellos damit zusammen, daß in den Küstengebieten im Mai die verhältnismäßig hohe Temperaturzunahme von 4 Grad stattfindet. Ferner bedingen die zu dieser Jahreszeit häufigen östlichen Winde geringere Kondensation. Die stärkste Bewölkung hat an der Nordsee, wie übrigens auch an der Ostsee, der Januar aufzuweisen, in dem die Bewölkung in Keitum 7,3, in Hamburg gar 8,0 beträgt. Auf Helgoland tritt das Minimum der Bewölkung bereits im Dezember bzw. April ein.

Infolge der starken Bewölkung ist die Zahl der trüben Tage sehr groß. An der Küste sind 120—130 trübe (Keitum 129), auf Helgoland sogar 206 trübe Tage beobachtet worden. Indes ist auch die Zahl der heiteren Tage hoch, höher als die der Ostseeküstenstationen. Sie beträgt 35—40 Tage (Keitum 40). Der hohen Zahl heiterer Tage ist es zu danken, daß die Dauer des Sonnenscheins ungefähr normal ist. In der Nähe von Amrum befinden sich zwei heliographische Stationen: Helgoland und Meldorf[1]. Helgoland hat eine tägliche mittlere Sonnenscheindauer von 4,6, Meldorf von 4,7 Stunden pro Tag. Beide Stationen gehören zu denen in Deutschland, welche die längste tägliche Sonnenscheindauer haben. Im Winter erreicht sie in Meldorf den höchsten Wert in Deutschland überhaupt mit 3,0, was anscheinend durch lokale Verhältnisse bedingt ist; in Helgoland 2,3.

Mit der Bewölkung steht die Nebelbildung in engem Zusammenhange. Der Nebel, der größte Feind der Schiffahrt, fehlt zu keiner Jahreszeit an den Amringer Küsten. Besonders nebelreich sind die Wintermonate Dezember bis Februar. Das warme Meerwasser mit der Tendenz zu aufsteigender Luftbewegung ist die Ursache der Nebelbildung. Nächst dem Winter sind Frühjahr und Herbst die nebelreichsten Jahreszeiten. Die jahreszeitliche Verteilung der Nebeltage kommt zum Ausdruck in einer Tabelle, die H. Meyer seinem Aufsatze: „Der Nebel in Deutschland, insbesondere an den deutschen

---

[1] Eichhorn, A., Entwurf einer Sonnenscheindauerkarte für Deutschland. Petermanns Mitteilungen 1903.

Küsten," (Ann. f. Hydrogr. 1904) beigegeben hat. Ihr entnehmen wir folgende Werte:

Nebeltage an der Nordseeküste:

	Winter	Frühjahr	Sommer	Herbst	Jahr
Borkum	43	20	8	24	94
Keitum	24	6	1	12	43

An Nordfrieslands Küste fallen über die Hälfte aller Nebeltage, nämlich 56%, auf den Winter. Der Herbst ist nebelreicher als das Frühjahr. Die Nebeltage nehmen von Westen nach Osten ab; es muß allerdings bemerkt werden, daß die Zahl der Nebeltage von Keitum reichlich niedrig erscheint.

Die hohe relative Feuchtigkeit während des ganzen Jahres, bei der die Luft dem Sättigungspunkte fast immer nahe ist, hat zur Folge, daß zu allen Jahreszeiten reichlicher Niederschlag fällt. Die Kurve der relativen Feuchtigkeit entspricht der des Niederschlags vollkommen. Hier einige Werte der Niederschlagsmengen:

	Borkum	Wilhelmshaven	Helgoland[1]	Keitum	Hamburg
Januar	43,1	37,9	53	43,2	47,7
Februar	39,9	37,6	49	44,5	47,5
März	43,3	44,1	51	41,9	53,6
April	33,8	33,1	34	32,2	41,6
Mai	43,6	49,1	45	40,4	51,4
Juni	50,9	60,0	40	44,9	73,6
Juli	71,9	90,0	66	61,9	91,4
August	89,5	82,7	89	85,8	76,3
September	71,8	57,2	86	79,2	61,9
Oktober	65,9	77,5	86	103,6	75,5
November	64,5	53,3	86	67,3	47,8
Dezember	59,8	48,5	76	61,7	58,0
Jahr	698,0	671,3	760	706,7	726,0

Die Regenperiode ist an der Nordsee vom Juli bis zum November. Der stärkste Regenfall ist auf Helgoland, das am weitesten ins Meer hinausgeschoben ist. Der Unterschied der Regenmengen der nordfriesischen von der west- und ostfriesischen

---

[1] Berechnet auf Grund 9 jähriger Messungen auf Helgoland durch Reduktion auf die 35 jährige (1855—1889) Periode von Emden und Otterndorf.

Küste ist unbedeutend. Der ozeanische Charakter haftet allen Randgebieten der Nordsee in gleicher Weise an. Dagegen nimmt die Regenhöhe südostwärts sehr rasch ab. In Mecklenburg beträgt die Regenhöhe nur noch 600 mm, und südöstlich von der Linie Bremen-Lauenburg befinden wir uns unter der 600-mm-Isohyete. An der Küste fällt die regenärmste Zeit in die Monate Januar bis Mai. Vergleichen wir die Regenmengen der nordfriesischen Küste mit denen der Provinz Schleswig-Holstein, so zeigt sich, daß die Küstenstriche und die vorgelagerten Inseln der Westküste den geringsten Niederschlag in der Provinz haben. A. Mey[1] hat diese Erscheinung sehr schön erklärt. Während die Küstengebiete verhältnismäßig arm an Gewittern sind, hat der Rücken Schleswig-Holsteins viel mehr und viel stärkere Gewitter, durch die die Regenmengen ganz gewaltig erhöht werden. Die Regenmenge steigt in Flensburg, wo sie den höchsten Wert erreicht, bis auf 820 mm. In den Randgebieten ist aber trotz der geringeren Regenhäufigkeit die Zahl der Regentage größer, was sich aus der größeren Ozeanität der Lage der Inseln erklärt.

Der meiste Niederschlag fällt an der Küste als Regen. Schneefall ist selten. Die westlichen Stationen haben weniger Schneefälle als die östlichen wegen der größeren Milde ihres Klimas. Es haben Borkum 22,6, Helgoland 23, Wilhelmshaven 31, Keitum 29, Hamburg 41 Schneetage. Im Durchschnitt haben die Monate Januar, Februar, März die gleiche Anzahl von Schneetagen[2]. In Borkum, Wilhelmshaven, Helgoland liegt das Maximum im März; auf Sylt im Februar.

III. Luftdruck und Winde.

Für Amrum liegen keine speziellen Beobachtungen über Luftdruck und Winde vor, so daß wir nur auf die allgemeinen Verhältnisse auf der Nordsee eingehen können.

---

[1] Mey, A., Die Niederschlagsverhältnisse in Schleswig-Holstein, Mitteilungen des nordfriesischen Vereins 1908—1909.
[2] Van Bebber, W. J., Klimatafeln für die deutsche Küste. 25jährige Beobachtungen aus den Jahren 1875—1900. Ann. f. Hydrogr. 1904 S. 529 ff.

Der Luftdruck auf der Nordsee wird von zwei wichtigen Gesichtspunkten bestimmt:
1. Von den allgemeinen Luftdruckverhältnissen Mitteleuropas.
2. Von den Zugstraßen der Minima in Nordwesteuropa.

Es würde aber den Rahmen unserer Aufgabe weit überschreiten, wollten wir hier diese Verhältnisse ausführlich darlegen. Es genügt folgende kurze Skizzierung:

Zu 1. Im Winter Depressionsgebiet in Nordwesteuropa, Hochdruckgebiet über Asien bis zu den Pyrenäen hin; daher südwestliche Winde vorherrschend. Im Sommer: Roßbreitenmaximum im Norden des Atlantischen Ozeans; Depressionsgebiet im nördlichen Asien und Iran; nordwestliche Winde.

Zu 2. Häufige Ablenkungen dieser allgemeinen Luftdruckverhältnisse durch die Minima, die bestimmte Zugstraßen ziehen. Die eine verläuft ostnordostwärts vom Kanal her direkt über Amrum; eine andere, von der die Luftdruckverhältnisse Amrums auch besonders bestimmt werden, geht über Mittelengland zum Skagerrak[1]. Van Bebber hat die Häufigkeit dieser Zugstraßen berechnet; sie werden am häufigsten im Sommer und Herbst frequentiert, während im Winter und Frühjahr die Minima seltener diese Wege ziehen.

Aus den allgemeinen Luftdruckverhältnissen über Mitteleuropa ergeben sich auch die Windverhältnisse für Amrum. Südwestliche Winde beherrschen im Winter, nordwestliche im Sommer die Windrose. Beide Winde, vom Ozean kommend, sind auch die Regenbringer für unsere Küste. Die Windhäufigkeit zeigt uns die Tabelle von Keitum; wir können hier auf die Werte der anderen Stationen verzichten, weil sie das Bild nicht ändern.

Nord	96,5	Süd	83,5
Nordost	90,4	Südwest	183,7
Ost	105,6	West	197,6
Südost	104,9	Nordwest	184,4
	Kalmen	49,3	

---

[1] Van Bebber, W. J., Typische Witterungserscheinungen. Archiv der Deutschen Seewarte Bd. V 1882.

Kalmen sind selten, da der barische Gradient im allgemeinen groß ist, besonders im Winter, woraus sich die Häufigkeit der Stürme erklärt[1]. Vorherrschende Windrichtungen sind die südwestliche, westliche und nordwestliche. Sie sind für viele geographische Tatsachen wichtig. Die Richtung der Dünen ist durch die Winde bestimmt, und die Höhe der Sturmfluten wird zum Teil durch sie bedingt. Der Niederschlag und vor allen Dingen die reine Seeluft wird durch sie der Insel gebracht.

Die jahreszeitliche Verteilung der Winde entspricht den oben entwickelten Gesetzen. Nordwest und West herrschen im Juli vor, während Südwest der Winterwind ist; er weht am häufigsten im November und Dezember. Von den übrigen Windrichtungen scheint keine bevorzugt zu sein.

E. Pflanzen- und Tiergeographie.

Infolge des Mangels an meteorologischen Beobachtungen auf Amrum waren wir gezwungen, bei der Schilderung der Klimatologie oft den Rahmen der Insel zu überschreiten. In den pflanzen- und tiergeographischen Schilderungen, die sich anreihen, steht uns dagegen so viel eigenes Material wieder zur Verfügung, daß wir uns im wesentlichen ganz auf die Insel beschränken können.

Die deutsche Nordseeküste nimmt pflanzengeographisch eine vielbeachtete und vielgewürdigte Sonderstellung ein. Das Land wie das Meer, der Boden wie die klimatischen Verhältnisse, bedingen jene eigenartige Pflanzenwelt, die wir auf den friesischen Inseln vorfinden. Neben den vielfachen Spezialarbeiten, die sich namentlich auf das Gebiet der ostfriesischen Inseln erstrecken, verdient hier besonders eine pflanzengeographische Arbeit Adolf Hansens hervorgehoben zu werden, die betitelt ist: „Die Vegetation der ostfriesischen Inseln. Ein Beitrag zur Pflanzengeographie besonders zur Kenntnis der Wirkung des Windes auf die Pflanzenwelt", Darmstadt 1901.

Von den klimatischen Elementen, die für die Entwicklung der Pflanzenwelt auf Amrum bedeutungsvoll sind, steht voran der Wind. Der Wind weht während des ganzen Jahres mit ungefähr

---

[1] Hann, J., Handbuch der Klimatologie Bd. III³ S. 213.

der gleichen Stärke und aus der gleichen westlichen Richtung; er ist deshalb eine Konstante, die auf den Pflanzenwuchs, wie wir noch sehen werden, hemmend wirkt. Die immer gleichbleibende Stärke des Windes hat zur Folge, daß der Pflanzenwuchs im allgemeinen klein ist. „Die Kleinheit ist keine Arteigenschaft, sondern vom Winde gezüchtet" (Hansen). Die Wirkung des Windes auf die Pflanzenwelt richtet sich nach dem Standorte der Pflanze. Ihr Wuchs ist davon abhängig, ob sie dem Winde stark oder wenig ausgesetzt ist. So werden z. B. die Pflanzen im Dünental im allgemeinen größeren Wuchs erreichen als die, welche auf der Höhe der Düne wachsen, gleiche Vegetationsverhältnisse vorausgesetzt. Gegenüber dem Winde treten Temperatur und Luftfeuchtigkeit zurück. Die relativ hohe Temperatur, die geringe Jahresschwankung und der hohe Niederschlag bedingen eine reiche Vegetation und eine Zusammendrängung vieler Pflanzen auf einem möglichst kleinen Raume[1]. Im einzelnen sind die Beziehungen zwischen Pflanzenwelt einerseits und Temperatur und Luftfeuchtigkeit andererseits auf den nordfriesischen Inseln noch nicht untersucht worden.

Neben dem Klima ist der Bodenbau für Flora und Vegetation maßgebend. Das Tertiär kommt hierbei natürlich nicht in Frage, weil es keine Pflanzendecke trägt. Wohl aber das Diluvium. Ein großer Teil der Flora, die auf dem Diluvialboden Schleswig-Holsteins wächst, ist auch auf Amrum vorhanden, soweit dies die klimatischen Verhältnisse gestatten. Viele Pflanzen der festländischen Geest finden sich auf Amrum. In dieser Hinsicht steht Amrum noch in vielfachen Beziehungen zum Festlande. Was aber die Vegetation angeht, ist Amrum schon von Föhr, namentlich aber vom Festlande stark verschieden. Die klimatischen und Bodenverhältnisse bedingen auf Amrum einen ganz anderen Vegetationscharakter als auf dem Festlande. Hierin ähnelt Amrum mehr Sylt, was sich aus der gleichen Seelage erklärt.

Nach dem Bodenbau und Standort der Pflanzen teilen wir Flora und Vegetation auf Amrum in verschiedene Gruppen ein. Wir unterscheiden Strand-, Dünen-, Ackerland- und Marschland-

---

[1] Buchenau, Die Flora der ostfriesischen Inseln. 3. Aufl. 1881 S. 22.

vegetation und -flora. Am meisten Beachtung hat natürlich die Dünenflora, einschließlich Strand-, Vordünen- und Dünentalflora, gefunden, weil wir es hier mit Erscheinungen zu tun haben, die im wesentlichen auf die Küstenländer beschränkt sind.

Was die räumliche Verteilung angeht, so nehmen die Strand- und Dünenpflanzen auf Amrum den größten Raum ein. Die Strandpflanzen erstrecken sich nicht nur auf den Strand, sondern auch auf das Strandvorland, den Knipsand. Trotzdem der Knipsand noch fast Jahr für Jahr von den Fluten überspült wird, hat sich hier bereits eine Dünenpflanze angesiedelt, die die echteste Sandpflanze überhaupt ist, der Strand- oder Binsenweizen, Triticum junceum. Er gedeiht als äußerster Vorposten der Dünenflora weit draußen auf dem Knipsand und ist der erste Dünenbildner, der bereits so weit heimisch geworden ist, daß die Fluten ihn nicht mehr fortschwemmen können. Um den Binsenweizen sammeln sich die Sandkörnchen und häufen sich zu Hügeln an. Die kleinen Gruppenhügel gehen dann — soweit ist die Entwicklung auf dem Knipsande noch nicht ganz! — ineinander über; sie wachsen zusammen und werden zu Dünen. So geht draußen allmählich die Neubildung von Dünen vonstatten, eine günstige Entwicklung im Hinblick auf die Erhaltung der Insel. Die Systeme von Triticumdünen hat Reinke in bezug auf die Flora sehr treffend „primäre Dünen" genannt. Er hat solche Systeme werdender Triticumdünen auch auf anderen Sänden beobachtet, die zum Teil eine ähnliche geographische Lage wie der Knip haben, so auf dem Haffsand auf Röm, dem Strand von St. Peter, Südstrand von Borkum und Memmert. „Diese Dünen wachsen im Kampfe ums Dasein empor, in einem von den Pflanzen gegen Wind, Sand und Meerflut geführten Kampfe[1]." Die primären Dünen finden sich nur auf dem Knip und nur dort, wo er mit der Insel zusammenhängt. Sobald nun der Strand sich über Springhochwasser erhebt, ist Triticum junceum mit seinen festhaftenden Wurzeln nicht mehr nötig. Da stellt sich der Strandhafer, auch Helm genannt, Ammophila arenaria, ein, der mit zwei Arten auf Amrum vertreten ist,

---

[1] Reinke, J., Die ostfriesischen Inseln, Studien über Küstenbildung und Küstenzerstörung. Wiss. Meeresunters. Bd. VIII. Erg.-H. 1903 S. 77.

Psamma baltica und Psamma arenaria. Der Strandhafer ist ein widerstandsfähiger Kämpfer gegen den Wind; deshalb finden wir ihn als Besiedler der Luvseiten der Dünen, während er in Lee der Dünen mit anderen Pflanzen zusammen wächst. Seiner Widerstandsfähigkeit wegen wird Psamma auch mit gutem Erfolge zur Bepflanzung der Vordünen angewandt; er ist die Pflanze der Vordüne. Oft schon am Strande, hauptsächlich aber in den ersten Dünen wächst der Meersenf, Cakile maritima; auch die Stranddistel, die über die ganze Breite der Dünen verbreitet ist, gedeiht schon am Dünenfuße.

Sobald wir den ersten Dünenzug, der gewöhnlich noch von Psamma arenaria, selten auch von Elymus arenarius, dem blauen Helm, besiedelt ist, überschritten haben — die „sekundäre Düne" im Reinkeschen Sinne —, tritt uns im Dünental eine reiche Flora und Vegetation entgegen, die zum Teil noch die Dünenhöhen der nächsten Züge erklommen hat. Je nach der Bodenbeschaffenheit und der Lage zum Winde überwiegt bald diese, bald jene Vegetation. Weite Strecken der Dünentäler, hauptsächlich die, die unmittelbar auf diluvialem Boden ruhen, tragen Heidevegetation. Sie sind von Calluna tetralix oder Calluna vulgaris bestanden; dazwischen wachsen viele Arten von Gräsern, Zwergbinse, Zwergweide (Salix repens), die auf allen friesischen Inseln sehr verbreitet ist, Zwergbirke, Ampfer, Mierenarten, Mauerpfeffer, Kleearten, Wicken, Krähenbeere (Empetrum nigrum, sehr verbreitet), Hundsveilchen, Stranderbse usw. Es würde zu weit führen, hier alle Dünen- und Heidepflanzen anzuführen; ich verweise auf Gerhardts Handbuch, wo sich ein genaues Verzeichnis der auf Amrum vorkommenden Dünenpflanzen findet. Sehr verbreitet ist auch namentlich in den Heidepartien östlich von den Dünen der Enzian, Gentiana pneumonanthe, der, soweit mir bekannt, an der deutschen Nordseeküste nur auf Amrum vorkommt. Besonders zahlreich findet man ihn in dem etwas sumpfigen Gelände bei der neuen Vogelkoje, auch am Rande der Süddorfer Marsch.

Schon in den Dünentälern, namentlich aber östlich von den Dünen, finden wir auf dem diluvialen Boden eine ganz andere Bewachsung und Ausnutzung des Bodens. Zwar noch nicht unmittelbar am Fuße der Dünen, weil hier noch der Flugsand zu mächtig ist. Der westliche Teil des dünenfreien Diluvialbodens trägt Heide, Calluna vulgaris. Das Land ist noch zu sandig, um in Ackerkultur genommen zu werden. Dagegen hat man das Land beforstet und damit bereits einige Erfolge erzielt. Es war eine namentlich vor 10 Jahren hart umstrittene Frage, ob eine Beforstung der nordfriesischen Inseln unter den gegebenen klimatischen Verhältnissen überhaupt möglich war. Hat es auf den nordfriesischen Inseln Wälder geben können? Beachtenswert ist der Aufsatz von Paul Knuth: „Gab es Wälder auf Sylt?"[1] Er räumt auf mit der Auffassung, daß es noch im Mittelalter auf den nordfriesischen Inseln Wälder gegeben habe. Unter den klimatischen Verhältnissen, wie sie heute, wie sie auch im Mittelalter waren, ist an das Vorhandensein von Wäldern in Nordfriesland gar nicht zu denken. Richtig hat darum auch Ernst Krause[2] auf seiner „Florenkarte für das 12. und 15. Jahrhundert" das Gebiet der nordfriesischen Inseln als ein besonderes floristisches Gebiet im Deutschen Reiche gekennzeichnet, als das Gebiet, wo der Wald fehlt. Das kann heute nicht mehr ganz zutreffen. Mit der fortschreitenden Dünenkultur wurden die Wanderdünen, jener arge Feind der Wälder, festgelegt. In Lee der nunmehr befestigten Dünen aber befindet sich ein Gebiet, das, geschützt durch die Dünenmauer, frei und unberührt von den westlichen Winden ist. Hier kann darum die Vegetation ungehindert in die Höhe schießen; hier ist Forstkultur möglich. Aber nur bis zu einer gewissen Höhe. Über die Höhe der Dünen hinaus können die Wälder nicht wachsen. Immerhin ist heute die Anlage kleinerer Wälder auf den nordfriesischen Inseln möglich.

Das beweisen die Kiefernpflanzungen auf Amrum. Die ersten Versuche wurden auf dem Gelände nördlich vom Kurhaus Satteldüne gemacht, wo ein 1 km langes und 0,2 km breites Terrain mit Kiefern bepflanzt wurde. Die Kiefern haben ein Alter von ungefähr 15 Jahren und sind gut gediehen. Wie schwierig aber immerhin noch das Wachstum der Kiefer ist, sehen wir an dem jungen, 2—3jährigen Bestande der Kiefern,

---

[1] Knuth, Paul, Gab es Wälder auf Sylt? „Humboldt" VIII, H. 8.
[2] Petermanns Mitteilungen 1892.

die östlich und südöstlich vom Kurhaus in der gleichen Breite gepflanzt sind. Es ist jedoch zu erwarten, daß sie ebenso gedeihen werden, da auch hier der sandige Heideboden und der gleiche Schutz vor den Westwinden vorhanden ist. Nördlich von dem kleinen Walde bei der Satteldüne nach der neuen Vogelkoje zu befinden sich ebenfalls junge Kiefernpflanzungen, die einen gesunden Eindruck machen und kaum kleiner erscheinen als gleichaltrige Pflanzungen auf dem Festlande.

Die östlichen Ländereien des Kulturlandes sind dem Ackerbau erschlossen. Die Hauptpflanzen, die gebaut werden, sind Roggen, Hafer, Gerste, Kartoffeln, Buchweizen, dieser zum Viehfutter verwandt.

Alle möglichen Pflanzen der Gartenflora sieht man in den Gärten der blumenliebenden Bewohner. In den Dörfern gedeihen im Schutze der Häuser Apfel und Birne, ferner Pappel, Ahorn und Kastanie.

Mannigfaltig ist die Flora des Marschlandes. Da die Marsch fast allwinterlich vom Meerwasser überspült wird, herrschen die den Salzboden liebenden Halophyten vor. Sobald aber die Marschen eingedeicht werden — auf Amrum bisher nur ein kleines Stück am nördlichen Dünenlande —, wird das Salz durch den Regen ausgespült, der Boden wird ausgesüßt, wodurch die Halophyten an Arten und Exemplaren zurückgedrängt werden. Unter den Pflanzen der Marsch fiel mir besonders der Widerstoß (Statice Limonium) auf, der eine sehr große Verbreitung auf Amrum hat. Ferner finden sich auf der Marsch viele Arten von Gräsern, Gramineen und Juncaceen vornehmlich, und auch Kryptogamen in großer Menge.

Bei der Betrachtung der Tiergeographie können wir uns darauf beschränken, wenige Beobachtungen wiederzugeben, da Amrum, tiergeographisch betrachtet, viel zu klein und unbedeutend ist, um charakteristische Erscheinungen zu zeigen. Meer- und Landfauna sind gleich wichtig auf Amrum; artenreicher und interessanter ist die Meerfauna. Der Boden des Wattenmeeres gibt einer zahlreichen Fischfauna Nahrung. Der Angler kennt den Fischreichtum des Wattenmeeres. Scholle und Aal, auch Schellfisch und Kabeljau (?) sind die nützlichsten Arten. Es wimmelt im Watt von Taschenkrebsen; der sogenannte Einsiedlerkrebs, der in der Muschel sein Heim hat, ist zahlreich vertreten, und in den Buhnen findet man häufig die großen Taschenkrebse, die auf den Markt gebracht werden. Hier lebt überhaupt eine Welt für sich; denn die Buhnen bieten unendlich vielen Tieren Unterkunft und Schutz gegen die wogende Brandung. Hummer, die bei Helgoland in großen Mengen gefangen werden, gibt es in den Amringer Gewässern nicht. Die Auster, welche sich im Nordosten von Sylt in den Lister Gründen noch so verbreitet findet, ist von den Amringer Bänken verdrängt worden. Infolge des Fischreichtums ist auch die Zahl der Raubtiere groß, besonders die der Seehunde. Auf den Außensänden, hauptsächlich auf den Holtknobs und Jungnamen, den sogenannten Seehundsänden, kann man oft, wenn man mit dem Dampfer von Sylt nach Helgoland fährt, über 100 Hunde liegen sehen; die Jagd auf Seehunde ist ein beliebter Sport der Badegäste.

Den Seevögeln bieten die Inseln die Brutplätze. Je einsamer, menschenleerer und verkehrsentlegener die Insel, desto größer die Zahl der Vögel. Bekannt sind die Brutstätten auf dem Ellenbogen und auf Südfall. Auf Amrum war ursprünglich die Seevögelfauna arten- und individuenreicher als heute. Die Dünenzüge waren voll von Nestern. Durch den wachsenden Verkehr aber wurde die Brut stark gestört. Daher zogen sich die Möwen und die anderen Seevögel aus den Dünen des Hauptkörpers fast ganz zurück; ihr Hauptbereich liegt an der Nordspitze der Insel, wo sie infolge des geringeren Verkehrs ungestört brüten können. Der schönste Vertreter der Möwen ist die Silbermöwe; wir finden weiter Strandläufer, Austernfischer, Regenpfeifer-, Möwen- und Seeschwalbenarten.

Als Durchzugsgäste kennen wir auf Amrum mehrere Entenarten, Krickente, Pfeifente, Bergente. Auch Stare, Steinschmätzer, Uferschwalben kommen vor, um nur die wesentlichsten zu nennen.

Der Bewohner der Dünen ist das wilde Kaninchen. Der sandige Dünenboden, in dem sie hausen, ist besonders geeignet zum Gängebau. Nach den Angaben der Bewohner ist die Zahl der Kaninchen erheblich zurückgegangen. Vor 40 Jahren soll es noch die dreifache Anzahl gegeben haben.

Leider fehlen die Abschuß- bzw. Fangzahlen — die Kaninchen wurden früher besonders viel mit Schlingen gefangen. Man ist daher nur auf Schätzungen angewiesen. Jedenfalls ist der Reichtum an Kaninchen auf Hörnum z. B. viel größer als auf Amrum, vielleicht auch wegen des geringeren Verkehrs dort. Mit dem Fortschritt der Forstwirtschaft wird auch das Kaninchen wieder zahlreicher werden, denn in dem dichten Waldbestande lebt es viel sicherer als in den Dünen mit ihrer niedrigen Vegetationsdecke.

In König Waldemars Erdbuch wird noch das Vorkommen von Hasen auf Amrum erwähnt. Nach den Aussagen der Bewohner sind heute Hasen auf Amrum nicht mehr vorhanden.

G. Die Bewohner.

Die Geschichte des Menschen auf Amrum reicht weit in die vorgeschichtliche Zeit hinauf. Wir sind auf Grund prähistorischer Funde auf der Insel selbst in der Lage, das Vorkommen des Menschen auf Amrum bis in die jüngere Steinzeit zu verfolgen. Der Mensch bewohnte das Diluvialland, das damals eine noch viel größere Ausdehnung hatte als heute. Denn damals hatten die Dünen das Diluvialplateau noch nicht erreicht. Es ist als sicher anzunehmen, daß sich auch unter den Dünen noch Reste menschlichen Daseins, Gräber oder Steinsetzungen, aus der Steinzeit oder einer jüngeren prähistorischen Periode, befinden, deren Ausgrabung unser Wissen von der Geschichte des Menschen auf Amrum wesentlich bereichern könnte. Trotz dieser noch vorhandenen Lücke unserer Kenntnis nimmt Amrum als Fundort in der prähistorischen Wissenschaft einen hervorragenden Platz ein[1]. Aus der jüngeren Steinzeit sind zwei Kammern auf dem

---

[1] In den Dienst der prähistorischen Forschung auf Amrum hat sich hauptsächlich Dr. O. Olshausen gestellt, dessen Funde in verschiedenen Aufsätzen in der Zeitschrift für Ethnologie beschrieben sind. Vgl. diese Zeitschrift unter besonderer Paginierung: 1883 S. 86 ff., 1884 S. 512ff., 1886 S. 240 ff. und 433 ff., 1891 S. 286 ff., 1892 S. 129 ff., 1895 S. 464, 1897 S. 345—347 und 353—355. Ich verdanke diese Angaben dem Verfasser. Für die Forschung ist es sehr bedauerlich, daß vor der planmäßigen wissenschaftlichen Untersuchung bereits viele der Gräber ausgebeutet worden sind.

Ual Hööw vorhanden, die untersucht worden sind. Weit bedeutender sind die Funde aus beiden Perioden der Bronzezeit. Der älteren gehören vornehmlich die Skeletgräber an, deren man auf dem Steenodder Hügel sechs gefunden hat. Dem Schlusse der Bronzezeit weist man die Urnengräber zu; „Messer, Pfriem und Zange bilden die gewöhnlichste Ausstattung dieser Zeit". Das vielfache Vorkommen von Bernstein als Grabbeigabe zeugt von dem einstigen Reichtum der Küste an diesem Material. Außer Gräbern und Opferstätten haben wir aus prähistorischer Zeit keine Zeichen der Anwesenheit des Menschen; aber diese genügen schon, um zu beweisen, daß Amrum von den ältesten Zeiten an besiedelt gewesen ist.

Die geschichtlichen Zeugnisse über Nordfriesland sind bis zum Jahre 1000 sehr spärlich. Über Amrum wissen wir gar nichts. Wir haben nur ein Wikingergräberfeld aus der jüngeren Eisenzeit, das Olshausen um 900 n. Chr. ansetzt. Aber die geschichtliche Überlieferung schweigt, wie das ja auch u. a. aus der Tatsache hervorgeht, daß wir kein geschichtliches Zeugnis dafür haben, wann Amrum Insel geworden ist.

Die Geschichte der Besiedlung Amrums hängt mit der ganz Nordfrieslands eng zusammen. Die erste und wichtigste Frage, die wir behandeln müssen, ist die, ob die heutigen Bewohner der Insel die Ureinwohner sind oder mit den ursprünglichen Bewohnern keine stammesverwandtschaftlichen Beziehungen haben. Daß die Frage nach dem Ursprunge der Nordfriesen so schwer zu beantworten ist, liegt vor allem an dem Mangel an geschichtlicher Überlieferung. Bisher gingen die Ansichten der Historiker über diese Frage weit auseinander. Jetzt hat sich mehr und mehr die Ansicht Bahn gebrochen, daß die Friesen die zweiten Besiedler des Landes gewesen sind[1].

---

[1] Für diese Ansicht sprechen: M. Boethius in: De cataclysmo Nordstrandico 1623, Petrus Sax, Jakob Sax, Kruse, Viktor Langhans, Sach. Dagegen: R. Outzen, Falck, A. L. Michelsen, G. Waitz, Müllenhoff, C. P. Hansen, K. J. Clement. Vgl. dazu: Adler, J. G. C., Die Volkssprache in dem Herzogtum Schleswig seit 1864. Zeitschrift der Gesellschaft für schleswig-holsteinisch-lauenburgische Geschichte Bd. XXI S. 9 Kiel 1892.

Die Friesen bewohnten die Südküste der Nordsee und sind von dorther übers Meer zu unsern Gestaden gekommen[1]. Über die Zeit der Einwanderung sind wir schlecht unterrichtet; es mag das IX. oder X. Jahrhundert gewesen sein. Danach hätten die Vorfahren der heutigen Bewohner den Zustand der Landfestigkeit mit Föhr kaum noch erlebt. Damit tritt Amrums Bedeutung als temporäre Insel in anthropogeographischer Hinsicht in ein ganz besonderes Licht. Die neue Wohnsitze suchenden Friesen siedelten sich dort an, wo sie für ihre Bedürfnisse den nötigen Lebensunterhalt fanden, die einen auf der Marsch, die anderen auf der Geest. Die Scheidung in Marsch- und Geestfriesen, die Sach so scharf durchführt, hat zweifellos nicht nur für die wirtschaftlichen, sondern auch für die ethnographischen Verhältnisse eine hohe Bedeutung. Man hat auch eine Einteilung der Bewohner Nordfrieslands in Nord- und Südfriesen versucht, indem man von dem Gedanken ausging: Warum soll es nicht Südfriesen geben, wenn es Nord-, Ost- und Westfriesen gibt? Diese Hypothese stützt sich zum Teil auf eine amringische Überlieferung. Der Wall auf Amrum, dessen Ende als „Ual Anj" an der Ostküste ans Watt tritt, soll einst der Grenzwall zwischen den Nord- und Südfriesen gewesen sein, worauf auch die Bezeichnung eines Ackers, der südlich von dem Walle liegt und Südfresackerum heißt, hindeutet. Da die Friesen erst im IX. und X. Jahrhundert ins Land gekommen sind, da aber andererseits Amrum von den Halligen schon in einer viel früheren Zeit getrennt worden ist, kann die Grenze zwischen Nord- und Südfriesen niemals auf Amrum gelegen haben. Es ist nach der Sachschen Auffassung von der Besiedlung der Inseln, der wir uns angeschlossen haben, ganz klar, daß jede Insel für sich allein besiedelt worden ist. Liegt in diesem Wall tatsächlich eine völkerscheidende Linie vor uns, so handelt es sich um eine Grenzlinie, die in einer viel früheren Zeit ihre Bedeutung hatte als zur Zeit der Frieseneinwanderung. Auch die lateinischen Namen für Nordfriesland, Frisia minor, Frisia borealis, Frisia septentrionalis, zeigen uns,

---

[1] Sach, A., Das Herzogtum Schleswig in seiner ethnographischen und nationalen Entwicklung Bd. II S. 135 Halle a. S. 1896.

daß hier ein Friesland vorliegt, das nördlicher gelegen und kleiner ist als die Stammsitze. Daher nennt man es „Nord"friesland im Gegensatze zu den friesischen Sitzen an der Südküste der Nordsee (Sach). Der Name Frisia minor, der für ganz Nordfriesland gebraucht wird, beweist, daß das ganze Land eine Kolonie des Mutterlandes ist. Demnach sind die heutigen Friesen nicht die Ureinwohner, sondern Kolonisten, die ins Land kamen. Jede der Inseln aber hat eine selbständige Entwicklung durchgemacht; so nennen sich die Bewohner auch nicht Nordfriesen, sondern Amringer, Föhringer, Syltinger, Halligleute und Festwallinger, d. s. Festlandsfriesen. Am engsten aber bleibt die Verbindung zwischen Föhr und Amrum infolge der temporären Insularität.

Über die geschichtliche Entwicklung sind wir für die ersten Jahrhunderte des zweiten Jahrtausends sehr schlecht unterrichtet. Wir erfahren über die Einführung des Christentums aus der „Chronik der S. Clemensgemeinde auf Amrum", daß die ersten Christianisierungsversuche zwischen 830 und 840 unternommen worden sind. Liavdag, ein Schüler Ansgars und Apostel der Friesen, soll auf dem Ual Hööw missioniert haben[1]. Vielleicht ist auch die Ausbreitung des Christentums dem Einflusse der Angelsachsen zu danken, die den Dänen untertan waren[2]. Die Annahme des neuen Glaubens wird sich sehr langsam vollzogen haben, vielleicht unter der Einwirkung der insularen Abgeschlossenheit; jedenfalls hafteten die Insulaner noch lange an heidnischen Vorstellungen und Gebräuchen. Die Siedlungen Norddorf und Süddorf werden zuerst im XV. Jahrhundert erwähnt. Sehr früh wurde die Reformation auf Amrum eingeführt. Die Chronik glaubt, daß Amrum spätestens im Jahre 1524 die neue Lehre angenommen habe. Das Pastorenverzeichnis, das sich in der Chronik befindet, nennt als ersten protestantischen Pfarrer

---

[1] Diese Nachricht stammt von Herrn Pastor Müller, der die Chronik geschrieben hat. Da eine Quellenangabe fehlt, ist die Nachricht sehr skeptisch aufzunehmen. Die Einsichtnahme in die Kirchenchronik verdanke ich der Liebenswürdigkeit des Herrn Pastor Ketels auf Amrum.

[2] Man hat das auch zum Teil aus dem Baumaterial der Kirchen geschlossen, die alle aus Tuff gebaut sind. Vgl. G. Waitz, Schleswig-Holsteins Geschichte Bd. I 1851 S. 30.

„Dietrich N., der aus dem Papsttum übertrat", dann „Friedrich oder Frerk aus Widing Harde", der von 1524—1574 Pastor auf Amrum war. Danach muß die Insel sehr früh zur neuen Lehre übergetreten sein.

Politischen Verhältnissen haben die Friesen niemals großes Interesse entgegengebracht. So allein erklärt es sich, daß während des langen Zeitraumes, wo Amrum unter dänischer Herrschaft stand, keine deutlichen Spuren des Danismus sich eingeprägt haben. Adler hebt es in seinem Aufsatz[1] über die Sprachverhältnisse als besonders rühmend hervor, daß von der dänischen Regierung, selbst unter der Herrschaft der eiderdänischen Partei in den Jahren 1851—1863, niemals Danisierungsversuche auf den Inseln gemacht worden seien. Nur die amtlichen Persönlichkeiten haben sich in ihrem Schriftverkehr des Dänischen bedient, während die Volkssprache immer das Friesische, die Kirchen- und Schulsprache das Hochdeutsche war.

Mit den übrigen friesischen Inseln bildete Amrum Krongut des dänischen Hauses; die Einkünfte von den Inseln flossen in die Tasche des dänischen Königs, der, wie wir aus dem Erdbuch erfahren, auf Amrum ein Jagdhaus besaß und dort Hasen erlegte. Im 15. Jahrhundert kam dann Nordfriesland, List und Westerlandföhr ausgenommen, politisch zum Herzogtum Schleswig, während Amrum mit Westerlandföhr bei Dänemark verblieb. Die Verwaltungsordnung war in Nordfriesland genau wie in Schleswig. Amrum bildete ein zur Loeharde gehöriges „Birk". 1866 wurde Amrum preußisch, nachdem es 1864 vom Königreich abgelöst worden war. Es gehört zum Kreise Tondern der Provinz Schleswig-Holstein.

Von alters her ist Amrum kirchlich mit Föhr aufs engste verbunden. Amrum bildet das Kirchspiel und die Gemeinde St. Clemens, die der St. Johanniskirche auf Föhr als Filialkirche zugehört. St. Johannis mit St. Clemens gehörte in früherer Zeit zur Propstei Strand und war seit 1550 der Aufsicht des lutherischen Bischofs zu Ripen unterstellt. Mit der neuen schleswig-

---

[1] Adler, J. G. C., Die Volkssprache in dem Herzogtum Schleswig seit 1864. Zeitschrift der Gesellschaft für schleswig-holsteinisch-lauenburgische Geschichte Bd. XXI. Kiel 1892.

holsteinischen Kirchenordnung von 1879 kam Amrum zur Propstei Südtondern. Mit der Kirche war die Schule verbunden. Neben der Hauptschule in Nebel gibt es heute zwei Nebenschulen in Norddorf und Wittdün.

Wir sind nicht mehr in der Lage, zu entscheiden, was die Friesen an dieses Gestade geführt hat. Sind es historische oder geographische Gesichtspunkte gewesen, die sie veranlaßten, neue Wohnsitze zu suchen? Auf dem neuerworbenen Grunde ist ihre Entwicklung in wesentlichen Punkten von der Lage ihres Wohnraumes, von der Umgebung und den sich aus ihnen ergebenden Beziehungen abhängig. Die Geschichte des Menschen und seines Wirtschaftslebens ist durch sie bedingt. Drei Momente sind es, die den Menschen hier entscheidend beeinflußt haben: Klima, Bodenbeschaffenheit und Insularität; von ihnen ist die Insularität das wichtigste und interessanteste.

Der Einfluß des Klimas auf den Körperbau, den Gesundheitszustand und den Charakter des Menschen ist unverkennbar. Die Amringer sind ein gesunder und kräftiger Menschenschlag, dessen Gesundheit in erster Linie der freien, frischen Seeluft zu danken ist. Das reine Klima, das im Sommer und auch im Winter so vielen Körperkraft und Gesundheit wiederverleiht, genießt der Amringer das ganze Jahr hindurch. Es ist besonders heilbringend für die Kinder, die von früher Jugend an sich im Freien aufhalten; sie gedeihen vortrefflich in der kräftigenden Luft. Die Friesen sind groß, haben im allgemeinen blondes Haar und blaue Augen. Die Frauen sind kleiner als die Männer; ihnen rühmen die meisten Ethnographen nach, daß sie sich durch besondere Feinheit der Gesichtszüge auszeichnen. Das feuchte, naßkalte Klima wirkt auch auf die Lebensgewohnheiten ein. Der Friese ist während des ganzen Jahres zum Schutze gegen die Witterung sehr warm angezogen. Infolge des feuchten Klimas sind alkoholische Getränke bei ihnen sehr verbreitet; früher war das beliebteste Getränk der Insulaner der Teepunsch. Auch für den Charakter des Insulaners ist das Klima von großer Bedeutung; wir gehen auf diese Beziehungen an späterer Stelle ein.

Auf die Entwicklung des Menschen wie auf die Wirtschaftsgeschichte hat die Bodenbeschaffenheit einen großen Einfluß gehabt. Der größte Teil des Landes ist unfruchtbar und ohne die Kenntnis höherer Bodenkultur nicht ertragfähig. Die geringen Ländereien an der Ostseite reichen zur Ernährung der Bevölkerung nicht aus. So wird es wahrscheinlich, daß die ersten Ansiedler, die übers Meer kamen, sich der Landwirtschaft nur in ganz geringem Maße hingaben und hauptsächlich von der Seeschiffahrt lebten.

Die Bedeutung der Insularität für die Entwicklung des Menschen kann nicht hoch genug angeschlagen werden. Zwei Tatsachen sind in dieser Hinsicht von entscheidender Bedeutung gewesen: 1. die Inselwerdung; 2. die Entstehung der Seebäder. Die erste Entwicklung, von der Inselwerdung bis zur Entstehung der Seebäder, umfaßt einen Zeitraum von rund 1000 Jahren, während die Entwicklung von der Anlage der Seebäder bis zur Gegenwart kaum ein Vierteljahrhundert gedauert hat.

Als Nordfrieslands Einheit durch die Sturmfluten zerstört wurde, blieben nur wenige Gebiete Festland; die meisten wurden Inseln. Auf diesen hat sich die insulare Abgeschlossenheit in verschiedener Weise geltend gemacht. Je nach der Bodenbeschaffenheit, ob Geest oder Marsch, nach der Größe des Wohnraumes und der Lage zur See, zu den Nachbarinseln und zum Festlande, ist die Entwicklung auf den einzelnen Inseln verschieden gewesen. Durch die Loslösung sind die Friesen anthropogeographisch in zwei Teile geteilt, die Festlands- und die Inselfriesen. Es scheint, als ob die Friesen damit auseinandergerissen sind. Die Insulaner beginnen eine eigene Geschichte, jede Insel für sich, die Halligen zusammen, weil sie die gleichen Bodenverhältnisse und damit auch die gleichen Wirtschaftsverhältnisse haben. Das Meer hat hier durchaus einen trennenden Einfluß ausgeübt. Willkürlich hat es das Land zerrissen, hier kleine, dort große Landstücke übrig gelassen. Die verschiedene Größe der Inseln spielt in der Entwicklung der Siedlungen und der Bewohner entscheidend mit. Die Halligleute wohnen in Siedlungen, die auf engstem Raume zusammengedrängt liegen, auf hohen Warfen. Das Meer hat sie in ihrem Raume beschränkt. Das Zusammenwohnen auf engem Raume hat auf den Halligen zu engster Verschwägerung, ja fast zur Inzucht geführt, die sich in starker

Abnahme der geistigen Fähigkeiten äußert. Daß Amrums Bewohner nicht auch diesem Zustande anheimfallen werden, verdanken sie dem verhältnismäßig viel größeren Raum ihrer Insel wie auch dem Umstande, daß Amrum mit Föhr schlickfest ist. Daraus erklären sich die zahlreichen verwandtschaftlichen Beziehungen zu den Westerlandföhringer Stammesbrüdern, daraus die Ähnlichkeit der Mundart, Sitten und Gebräuche, während nach Sylt und den Halligen die Beziehungen der Bewohner geringer sind, weil die Tiefen trennend wirken.

Die Insularität bestimmt auch in gewisser Hinsicht den Charakter. Infolge der Abgeschlossenheit, die während strenger Winter oft eine vollständige ist, sind die Amringer wie die Inselfriesen überhaupt verschlossen und zurückhaltend gegen Fremde. Lernt man sie näher kennen, so sind sie offen und sehr höflich; heiter und vergnügt meist nur, wenn sie unter sich sind. Sie sind kaltblütig, mutig und ausdauernd. Große Heimatsliebe rühmen ihnen die friesischen Schriftsteller nach: Es gab nichts Schöneres für den Friesen, als wenn er, „von Grönlandsfahrten zurückkehrend", auf der heimatlichen Scholle sein Dasein beschließen konnte. Als aber das Schiffergewerbe in den siebziger Jahren des vorigen Jahrhunderts zurückging, setzte die Auswanderung ein; die Bewohner wurden durch großen Verdienst in anderen Ländern angelockt, sich dort ein neues Heim zu gründen.

Was hier über die Einwirkung der Insularität auf ihre Bewohner gesagt wurde, gilt vielfach für eine vergangene Zeit. Denn mit der Errichtung der Seebäder wurden die wirtschaftlichen Verhältnisse andere, und diese Veränderung hat auf die Lebensgewohnheiten und den Charakter der Bewohner zurückgewirkt. Mit der Kultur, die durch die Badegäste und ihren verfeinerten Geschmack auf die Insel gebracht wurde, sind viele dem friesischen Leben fremde und schädliche Einflüsse auf die Insel gekommen, die den Charakter der Insulaner stark verfärbt haben. Am reinsten dürfte die Amringer Eigenart und Sitte in Süddorf erhalten sein, das infolge seiner Lage auf dem Diluvialplateau fern vom Strande und vom Verkehr dem Badeleben fremd gegenübersteht.

Gleich zu bewerten in dieser Hinsicht sind Nebel und Steenodde, wo der Fremdenverkehr sich im allgemeinen auf den

Durchzug beschränkt. Weit ungünstiger steht Norddorf da; mit dem weiteren Wachstum des Bades wird der Rückgang des Friesentums verbunden sein. In Wittdün aber ist das Friesische nicht einmal heimisch geworden; dort hat der fremde Unternehmungsgeist das Friesentum nicht hochkommen lassen.

Dieselbe Gunst der Lage, die ehedem die Erhaltung des Friesentums so erheblich förderte, droht jetzt, es zu vernichten. Damals konnte J. G. Kohl noch mit vollem Rechte von Amrum sagen: „Friesischer als alle Friesen, die allerfriesischsten unter den Friesen, sind die Bewohner der kleinen Insel Amrum, denn sie haben, als am entferntesten liegend, ihre Sitten nie mit denen der verderbten Geestvölker vermischt. Mithin findet sich auf Amrum die Krone, der Gipfel und die Blüte der Menschheit"[1].

Es ist eine sehr richtige Beobachtung dieses erfahrenen Reisenden: weil Amrum so entfernt vom Festlande liegt, von ihm getrennt durch die „Pufferinsel" Föhr, darum hat sich hier friesische Sitte und Eigenart so rein erhalten können. An der Sprache der Bewohner können wir am sichersten die Stammeszugehörigkeit ermitteln. Jensen hat eine Tabelle für die friesischen Inseln aufgestellt, in der er die Haushaltungen ihrer Sprache nach gezählt hat. Sie bezieht sich für Amrum auf die Verhältnisse vor der Anlage der Seebäder[2].

Haushaltungen auf den nordfriesischen Inseln im Jahre 1889:

auf	friesisch	plattdeutsch	hochdeutsch	dänisch	gemischt
Amrum	140	15	4	—	—
Sylt	498	25	44	47	163
Föhr	528	549	38	—	33
Halligen	87	33	3	—	—

Nach der Tabelle hat Amrum das Friesentum am reinsten bewahrt. Die beiden Feinde des Friesischen, das Dänische und das Plattdeutsche, sind von Norden bzw. Osten her eingedrungen. Das Dänische hat auf Sylt, das Plattdeutsche namentlich auf

---

[1] Kohl, J. G., Die Marschen und Inseln der Herzogtümer Schleswig und Holstein, III Bde. 1846.

[2] Jensen, Die nordfriesischen Inseln S. 386—388, Hamburg 1891.

Föhr, aber auch auf den Halligen und Sylt der friesischen Sprache große Gebiete abgerungen. Auf Sylt und Föhr ist auch das Hochdeutsche in vielen Familien heimisch; es sind diejenigen Familien, die vom Festlande herübergekommen sind, um sich vom Fremdengewerbe zu ernähren. Auf Amrum dürfte die Einwanderung plattdeutsch sprechender Familien auf regere Bautätigkeit zurückzuführen sein, während hochdeutsch nur von den Gebildeten gesprochen wurde. Strenge Scheidung der Familien ihrer Sprache nach findet man auf Amrum und den Halligen. Prozentual hat P. Langhans auf einer Karte „Die Reste des friesischen Sprachgebiets"[1] den Rückgang der friesischen Sprache dargestellt. Auf Amrum und den Halligen sprechen 70—95 % friesisch. Auf Föhr dagegen sind die festländischen Marschbauern vorgedrungen und haben die östliche Hälfte der Insel besetzt, während das Friesische auf den Westen zurückgedrängt ist. Dort hat es sich, gestärkt durch die reichen wechselseitigen Beziehungen zu Amrum, ganz erhalten können. (95—100 %.)

Im Jahre 1890 wurden die Seebäder auf Amrum errichtet. Seit diesem Zeitpunkt datiert die letzte Entwicklungsperiode der Bewohner; sie hat sich unter dem Einflusse des wachsenden Verkehrs und der gänzlich veränderten Erwerbsverhältnisse vollzogen. Durch den Zuzug von Bauarbeitern und Handwerkern kamen fremde Elemente vom Festland und auch von Hamburg direkt in die Bevölkerung, die nicht friesischer Abstammung waren. Der Amringer hielt sich entsprechend seiner Natur zunächst von den Eindringlingen fern. Der Insulaner betrachtete es als einen Eingriff in seine Rechte, daß man sich auf seinem Boden ansiedeln wollte. An der Ausgestaltung der Seebäder beteiligten sich nur wenige. Der Insulaner scheute eine Tätigkeit, die außerhalb der Gewohnheit lag; weitblickender Geschäftssinn ist ihm nicht eigen. Als er aber sah, daß die Seebäder prosperierten, wandte er sich auch mehr und mehr dem Fremdengewerbe zu. Er nahm die Fremden bei sich auf und baute späterhin selbst größere Logierhäuser in

---

[1] Langhans, P., Die Reste des friesischen Sprachgebiets, Petermanns Mitteilungen 1892.

Wittdün oder Norddorf, um besser zu verdienen. Die Hauptgefahr für die Erhaltung des Volkstums bildeten die Eingewanderten, die auf der Insel seßhaft wurden. Durch den Verkehr mit ihnen, der in hoch- oder plattdeutscher Sprache geführt werden mußte, litt die Ausbildung der eigenen Sprache. Zwar ist die Verkehrssprache der Einwohner auch heute noch das Friesische, aber die Volkssprache mußte unter dem Einflusse der fremden Sprache stark verflachen.

Gegenüber denen, die sich für immer auf der Insel angesiedelt haben, traten die Badegäste mit ihrem schädlichen Einflusse für die Bewohner zunächst zurück. Aber seit den letzten Jahren beherrscht das Fremdengewerbe völlig das wirtschaftliche Bild der Insel und infolgedessen auch die Vorstellungen und Lebensgewohnheiten der Insulaner. Nur wenige Amringer halten sich fern von den Fremden oder verachten sie sogar. Ich ging im Hochsommer mit einigen Badegästen zu einem mir bekannten Kapitän in Nebel, der in seiner Haustür stand, als wir uns seiner Wohnung näherten. Beim Anblick der Fremden warf er die Haustüre mürrisch zu und erschien erst wieder, als meine Begleiter weitergegangen waren. „Diese Fremden", so sagte er mir hinterher, „gehören nicht auf die Insel." Solche Männer sind selten und werden immer seltener. Im allgemeinen paßt sich der Amringer dem Fremden immer mehr an.

Aber das Gewerbe hat auch viele Schattenseiten. Früher Anspruchslosigkeit und Einfachheit, jetzt mit der eingeführten „höheren Kultur" ein gewisser Luxus, Sucht nach Geld und höherem Verdienst. In vielen Häusern ruht die alte, ererbte Tracht schon lange in der Truhe; die heimatliche Kleidung hat man mit der Kulturkleidung des Großstädters vertauscht. Durchschnittlich haben die besser situierten Familien, die auch in der Regel diejenigen sind, die mit den Fremden am meisten zusammen kommen, hierin den Anfang gemacht. Ein künstliches Gegengewicht gegen diesen Niedergang des Volkstums bilden die Bestrebungen des nordfriesischen Vereins, der es sich zur Aufgabe gemacht hat, friesische Heimatsliebe und -kunde zu pflegen. Er ist auch auf Amrum sehr verbreitet.

H. Wirtschaft und Verkehr.

Die geschichtliche Entwicklung des Wirtschaftslebens und die Ausbreitung des Verkehrs gehen Hand in Hand. Auch in der Wirtschaftsgeschichte bildet das Jahr 1890 einen entscheidenden Wendepunkt. Die historische Entwicklung des Handels und der Wirtschaft soll nur kurz geschildert werden; der Schwerpunkt liegt in der Schilderung der gegenwärtigen wirtschaftlichen Verhältnisse.

Wir beginnen mit der Landwirtschaft. Der Ackerbau hat auf Amrum niemals eine höhere Bedeutung gehabt. Der diluviale Sandboden ist wenig fruchtbar und erfordert zur rationellen Bestellung des Düngers. Trotzdem ist der Wuchs des Getreides sehr spärlich, was sich zum Teil auch aus der Ungunst der Witterung erklärt (Wind). Die westliche Hälfte des dünenfreien Diluvialbodens ist wegen des Sandfluges überhaupt nicht bestellbar. Zweifellos hätte Amrum landwirtschaftlich viel besser gedeihen können, wenn das nötige Interesse vorhanden gewesen wäre. Da die Bewohner aber vermutlich schon von frühester Zeit an Seeleute waren, stellten sie an ihren Boden keine hohen Anforderungen; sie überließen den Ackerbau den Frauen. Schuld an dem geringen Interesse an der Ackerbestellung trug zweifellos auch die Agrarverfassung. Vor der Feldaufteilung, die erst im vorigen Jahrhundert stattfand, war das Land Gemeindegut und wurde gemeinschaftlich bestellt. So hatte natürlich der einzelne kein allzu grosses Interesse an der Bearbeitung. Es kam hinzu, daß die Bewirtschaftung jahraus, jahrein mit denselben Produkten erfolgte; auch fehlte die Dreifelderwirtschaft auf den Inseln. Endlich war der Raum des bestellungsfähigen Bodens viel zu klein, um die Bewohner zu ernähren, besonders wenn man bedenkt, daß $1/8$ bis $1/9$ der Erträge des Bodens dem Pastor zukamen.

Gleich dem Ackerbau ist auch die Viehzucht nicht sehr bedeutend. Die Weideflächen sind nicht groß und mager, da sie bei Springfluten zum Teil überspült werden. Der Viehstand auf der Insel ist keinerlei Schwankungen unterworfen. Er betrug im Jahre 1910:

	Norddorf	Nebel	Süddorf	Steenodde	Wittdün	Summe
Pferde	4	20	10	1	7	42
Rinder	42	113	46	6	5	212

	Norddorf	Nebel	Süddorf	Steenodde	Wittdün	Summe
Schafe	52	83	63	21	3	222
Schweine	20	61	23	5	9	118
Summe	118	277	142	33	24	594

Für eine Bevölkerung von 1000 Einwohnern bedeutet eine Zahl von 594 Stück Vieh, darunter nur 212 Rinder, keine nennenswerte Erwerbsmöglichkeit. Immerhin ist in Anbetracht der ungünstigen Weideverhältnisse die Anzahl des Viehs nicht gering. In dieser Tabelle fällt besonders der relativ große Viehbestand von Süddorf in die Augen. In Süddorf, das vom Fremdenverkehr keinen direkten Nutzen hat, steht die Viehzucht auf einiger Höhe. Auch infolge seiner geographischen Lage darf man hier das größte Interesse an der Viehzucht in dieser seemännischen Bevölkerung erwarten; in Wittdün treibt man überhaupt keine Viehzucht; in Norddorf ist der Viehbestand im Verhältnis zur Einwohnerzahl sehr gering. Je intensiver der Fremdenverkehr, desto geringer das Interesse für Landwirtschaft. Die Norddorfer und noch vielmehr die Wittdüner haben keine Zeit für die Landwirtschaft, weil ihre Kräfte im Dienste eines lohnenderen Gewerbes stehen. Aber auch in früherer Zeit, als das Fremdengewerbe noch nicht blühte, war der Viehbestand nicht ausreichend für die Bedürfnisse der Bewohner. So mußte u. a. in den dreißiger Jahren des vorigen Jahrhunderts Butter und Schlachtvieh, auch Wolle von den Nachbarinseln oder vom Festlande eingeführt werden.

Aus Ackerbau und Viehzucht, wie aus dem Boden selbst, der keine Schätze birgt, läßt sich also kein Reichtum gewinnen. Auch Halmflechten und Eiersammeln, das von den Kindern viel betrieben wurde, und der Kaninchenfang brachten nicht den nötigen Erwerb.

Der Haupterwerbszweig der Amringer ist, soweit wir dies in der Geschichte verfolgen können, der der Seeschiffahrt gewesen. Es mag immerhin möglich sein, daß in früheren Zeiten, wo die Weideflächen grösser waren, die Viehzucht in der Gewerbtätigkeit an erster Stelle stand. Allmählich aber kam es dahin, daß der Seemannsberuf der einzig ehrenwerte Beruf wurde, der Beruf schlechthin. Nur die Schwachen und Greise blieben auf der Insel.

Im 15. Jahrhundert begann die Heringsfischerei in der Nordsee; die Mehrzahl der Amringer Fischer wandte sich diesem Gewerbe zu. Als sich aber die Heringe im 17. Jahrhundert in westlichere und nördlichere Teile der Nordsee zurückzogen, wurde der Gewinn aus dem Fischfang allmählich geringer. Zu dieser Zeit [1] kam ein anderes Seefischereigewerbe auf: der Walfang, der vom 18. Jahrhundert bis um 1860 (Amrum) von allen Inselfriesen sehr eifrig betrieben wurde. Die „Grönlandfahrer" wie man sie nannte, rückten gemeinsam am Petritage aus und lagen den ganzen Sommer dem Walfang ob, um dann, meistens mit reicher Beute beladen, zum Winter in die Heimat zurückzukehren. Durch zu starke Ausnutzung der Walbestände nahm die Zahl der Wale mehr und mehr ab. Der Amringer, jetzt auf dem Meere zu Hause, wandte sich der Handelsschiffahrt zu. Schon bei den Grönlandsfahrten hatte sich der Insulaner viele Kenntnisse angeeignet, die ihm in seinem neuen Berufe sehr zugute kamen. Wir finden die Amringer sowohl als ihre Syltinger und Föhringer Stammesbrüder um die Mitte des vorigen Jahrhunderts als Kapitäne oder Steuerleute auf Schiffen der Handelsmarine, bis durch die neue Prüfungsordnung für Seeschiffer und Steuerleute von 1869 die alten Steuermannsschulen in der Heimat aufgehoben wurden [2]. Das war entscheidend für die Seefahrer; denn dadurch, daß sie nicht mehr in der Heimat die Schule besuchen konnten, war es vielen ärmeren Friesen, die die Kosten einer neun- bis zwölfmonatigen Ausbildungszeit nicht bestreiten konnten, unmöglich gemacht, das Schiffergewerbe zu ergreifen. Es vollzieht sich daher eine Spaltung innerhalb der Bevölkerung: viele wandern aus, um sich in der Fremde ein anderes Gewerbe zu suchen, weil der heimatliche Boden ihnen hinreichenden Erwerb noch nicht bringen kann, und nur wenige ergreifen noch den altehrwürdigen Beruf des Seemanns.

Dieses jahrhundertelang betriebene Gewerbe der Schiffahrt hat auf die Entwicklung der Volkswirtschaft wie des Volks-

---

[1] Haverkamp, L., Die Nordseeinsel Sylt. Ihr Erwerbsleben und ihre sozialen Verhältnisse S. 12 Berlin 1908.
[2] Ebenda S. 17.

charakters einen tiefen Einfluß ausgeübt. Jahrhundertelang waren die Männer sommers über fort und die Frauen allein zu Hause. Dem Familienleben war die lange Abwesenheit der Männer sehr nachteilig. Auch erforderten die Fahrten bei der Gefährlichkeit des Berufes und der unvollkommenen Schiffstechnik reiche Opfer. Die Folge davon war ein Rückgang der männlichen Bevölkerung, der in den sechziger und siebziger Jahren verstärkt wurde durch die Auswanderung der Bewohner, die den Seemannsberuf nicht mehr ergriffen. Es macht sich ein Überhandnehmen der Unverheirateten und Witwen bemerkbar. Da auch der Zuzug vor Anlage der Seebäder sehr gering war, ergibt sich für Amrum bis zum Jahre 1890 ein sehr ungünstiges volkswirtschaftliches Bild; die Bevölkerungszunahme war minimal.

Neben der Seefischerei war auch der Fischfang bei der Insel selbst von einiger Bedeutung. Der Fischfang ist heute noch ein freies Gewerbe, das hauptsächlich dem Erbeuten von Schellfischen und Schollen gilt. Wir hören, daß noch zu Anfang des vergangenen Jahrhunderts der Fischexport von Amrum nach Pellworm, Husum und Wyk recht bedeutend war, obwohl die Haupterwerbsquelle auf einem anderen Gebiet der Seefischerei lag. Heute beschränkt sich die Fischerei in der Nähe der Insel selbst fast ausschließlich auf den Hausbedarf oder auf Lieferungen an die Hotels.

Ein sehr gewinnbringender Zweig der Wattenfischerei war vordem die Austernfischerei. Die Auster ist seit vielen Jahrhunderten an der Westküste Schleswig-Holsteins heimisch. Während sie sich bis vor dreißig Jahren noch südlich von Sylt in den amringisch-föhringischen Gewässern vorfand, ist ihr Vorkommen heute auf die Sylter Gründe zwischen List und dem Festlande beschränkt. Es ist mir leider nicht gelungen, aus den Beschreibungen der Amringer Fischer ein genaues Bild von der Lage der ehemaligen Austernbänke zu bekommen. In den Vorstellungen der einfachen Leute hat sich das Bild verwischt. Die Hauptbänke sollen südlich und östlich von Hörnum gegen Amrum und Föhr hin gelegen haben. Auch an der Föhringer Südwestküste, also jedenfalls am Amrumtief, wurden Austern gefischt. Ein Norddorfer Fischer erzählte mir, daß sich vor 40 Jahren eine Austernbank vom Knipsand herüber bis zur Station Kniphafen der Gesellschaft zur Rettung Schiffbrüchiger gezogen habe. Endlich bezeugt Pastor Mechlenburg das Vorhandensein einer Bank zwischen Steenodde und Wittdün. Wir hören, daß Frauen und Kinder zur Ebbezeit aufs Watt gingen, um Austern zu sammeln oder gar im flachen Wasser zu brechen; die Auster muß also um Amrum sehr zahlreich vertreten gewesen sein. Die Pachtgesellschaften dieser Austernbänke ließen durch die Fischer der umliegenden Inseln den Fang betreiben; Amrum war daran mit zwölf Booten und 36 Mann beteiligt[1]. Von ihnen wurden in den dreißiger Jahren jährlich ungefähr 1000 Tonnen gefangen, aus denen für die Insel ein Reingewinn von 6000 Mark erzielt wurde. Die Weiterbeförderung der Austern auf den Markt in Hamburg geschah von dem Hafenplatz der Insel, Steenodde, aus. Seit den siebziger Jahren ist die Austernfischerei in ständigem Rückgange begriffen. Zunächst fischte man in sechs Booten, bis 1883 die Bänke gar keinen Ertrag mehr lieferten. Die Ursachen des Verschwindens der Auster sind verschiedener Art: zum Teil zu starker Abbau, zum Teil Verlagerung der Sände (Vermutung). Vornehmlich aber haben die vielen Schmarotzer im Watt, Seesterne, Miesmuscheln und Seegras, die Auster vernichtet.

Von den übrigen Schätzen des Wattenmeeres ist für Amrum das Seemoos ein bedeutender Ausfuhrartikel. Zur Ebbe gehen die Fischer aufs Watt und bringen das Seemoos zur Insel. Von vier Firmen wird es aufgekauft, gefärbt und als Zimmerschmuck nach Amerika ausgeführt. Der Reinertrag aus der Seemoosfischerei belief sich auf Amrum im Jahre 1905 auf 17000 Mark.

Wie auf dem Watt, so bieten sich auf dem Strande große Schätze. Mit jeder Flut, vor allem mit jeder höheren Flut werden Schiffsgüter auf den Strand geworfen, und nicht selten stranden Schiffe in der Nähe der Insel. Früher bildete der Strandraub eine sehr wichtige Erwerbsquelle. Amrum hat ja auch, nach diesem Gesichtspunkte betrachtet, eine geradezu ideale Lage! Nur 4 Kilometer entfernt liegen die gefährlichen Sandbänke der Außensände. Außerdem ist die Nebelhäufigkeit sehr groß und

---

[1] Hanssen, G., Statistische Mitteilungen über nordfriesische Distrikte, im neuen Staatsbürgerlichen Archiv Bd. III, herausgegeben von Falck.

die Befeuerung erst seit neuerer Zeit ausreichend. Früher wurden die Strandgüter geraubt, die Schiffbrüchigen ausgeplündert und nicht selten erschlagen. Auch heute noch herrscht bei den Bewohnern die Auffassung, daß alles Gut, was an der Insel angespült wird, den Bewohnern gehöre. Obwohl das Reichsgesetzbuch strenge Strafen gegen den Strandraub festgesetzt hat, pflegen doch viele Bewohner ihren Feuerungsbedarf aus den angetriebenen Wracktrümmern zu bestreiten. Früher war diese Sitte allgemein. Für die Aufsicht am Strande sind Strandämter eingesetzt, die einerseits die Interessen des Staates, andererseits die der Eigentümer gestrandeter Güter zu wahren haben. In Nebel auf Amrum befindet sich der Sitz des Strandamtes Föhr.

Der Reichtum an Seehunden auf den Außensänden und früher auch auf den Watten gab Veranlassung zum Seehundsfang. Mit der Steigerung des Verkehrs und infolge zu starken Abschusses ist die Zahl der Seehunde beträchtlich gesunken. Heute wird der Seehundsfang nur noch als Sport von den Fremden betrieben, wobei kundige Insulaner gegen Entgelt als Führer dienen.

Ein auf allen nordfriesischen Inseln seit zwei Jahrhunderten betriebenes Gewerbe ist der Entenfang. Die Enten kommen als Durchzugsgäste im Herbst von Norden nach Süden und benutzen den Weg über die nordfriesischen Inseln. Hier werden sie in besonders dazu eingerichteten Plätzen, den Vogelkojen, gefangen. Besitzer der Kojen sind Inselbewohner, die ein Konsortium bilden und reichen Gewinn aus den Kojen ziehen, da rund 10000 Enten — die Zahlen schwanken in den einzelnen Jahren sehr — jährlich gefangen werden. Amrum hat zwei Kojen; die alte liegt westlich von der Steenodder Marsch, die neue, sehr geschützt, südlich von den Norddorfer Dünen auf dem Heidelande. Die Kojenteiche sind die einzigen Süßwasserbecken der Insel.

Mannigfaltig ist somit das Bild des Erwerbslebens, das uns vor dem Entstehen der Seebäder vor Augen tritt. Verhältnismäßig spät erst entdeckte man die großen klimatischen Vorzüge der Insel und seine herrliche Seelage zur Ausnutzung wirtschaftlicher Interessen. Während in Wyk a. F. schon 1819 und in Westerland a. Sylt 1856 (Grundsteinlegung der ersten Dünenhalle) Seebäder eröffnet wurden, begann man erst 1890 das dem Verkehr so entlegene Amrum zum Seebad auszugestalten.

Der Gründer des Seebades Wittdün ist ein Insulaner, Kapitän V. Quedens, der 1890 die Badekonzession für den Süddorfer Strand erhielt. Im gleichen Jahr errichtete ein Hamburger Konsortium das Kurhaus Satteldüne am Fuße der Satteldüne mit zunächst 52 Zimmern, und gleichzeitig entstand auf der Nordspitze eine Gründung von Bodelschwinghs-Bielefeld, das Hospiz I, dem angelehnt an Norddorf 1893 Hospiz II, 1896 Hospiz III, 1907 Hospiz IV folgten. Es liegt in der Anlage der Seebäder zweifellos eine gewisse Großzügigkeit; drei Bäder wurden zu gleicher Zeit auf der kleinen Insel errichtet; auf der Nordspitze, in der Mitte der Insel und auf der Südspitze, drei Bäder von großer Verschiedenheit der Lage und der Vorzüge. Wirtschaftlich am besten gediehen ist Wittdün mit seiner unvergleichlich schönen Lage auf der Höhe der weissen Düne, der gegebene Platz für ein Nordseebad! Daß das Kurhaus Satteldüne keine größere Entwicklung gehabt hat, und daß vor allem sich dort keine neuen Hotels und Villen angebaut haben, ist durch die nachteilige Lage bedingt. Zwar in der Mitte der Insel, liegt es doch abseits vom Verkehr; und vor allem ist der Strand an dem Vortraptief, der entschieden dem Wittdüner vorzuziehen ist, für viele Gäste zu weit vom Hotel entfernt. Das Nordseebad Norddorf dagegen hat sich in Anlehnung an die alte friesische Siedlung kräftig entwickelt und steht in der Zahl der Kurgäste in ernstem Wettbewerb mit Wittdün.

Mit dem Aufschwung der Seebäder beginnt eine neue, die letzte Periode der Wirtschaftsgeschichte. In der Volkswirtschaft steht jetzt das Fremdengewerbe im weitesten Sinne des Wortes obenan. Das Zimmervermieten während der Saison bietet den bequemsten Nebenerwerb. In Wittdün und Norddorf wird es von sämtlichen Bewohnern betrieben. Die Norddorfer nehmen die überschüssigen Badegäste des Seehospizes und des in letzter Zeit mächtig aufgeschossenen Seepensionates bei sich auf, während die Verpflegung durch die beiden grossen Häuser erfolgt. Auch in Steenodde gehört das Zimmervermieten während der Saison zum Erwerb, sehr wenig in Nebel, und in Süddorf quartieren sich wohl selten Fremde ein. Wittdün, Norddorf und Steenodde leben direkt vom Fremdengewerbe, indem sie den Fremden Unterkunft und Bewirtung bieten. Gross ist in Norddorf und Wittdün die Zahl der Handeltreibenden der Lebensmittel- und Bedarfsartikelbranche. Viele von ihnen verlassen mit Schluß der Badesaison die Insel wieder. Süddorf und Nebel leben nur indirekt vom Fremdengewerbe. Die Süddorfer durch ihre Viehzucht; Süddorfer Milch geht fast ausschließlich nach Wittdün. Nebel dient auch durch seine Viehzucht, hauptsächlich aber durch die große Zahl seiner Handwerker, Fuhrleute und sonstigen Gewerbetreibenden den Fremden. Ein kleines Kontingent der Bewohner stellen in Nebel dann noch alte Kapitäne, Gemeindebeamte usw. Im allgemeinen kann man sagen, daß wohl alle Haushaltungen auf Amrum großen wirtschaftlichen Nutzen aus dem Fremdengewerbe gezogen haben.

Die Besserung der wirtschaftlichen Verhältnisse hat auch eine Hebung des Verkehrs mit sich gebracht. Amrum hat eine recht ungünstige verkehrsgeographische Lage; das mag auch zum Teil der Grund sein, weshalb Amrum erst so spät Seebad wurde. Verkehrshindernd sind vor allem die Gezeiten, die nur bei günstigen Wasserverhältnissen einen Verkehr zum Festland und zu den Nachbarinseln gestatten. Aber wesentlich erschwert wird der Verkehr noch durch die ungünstigen Landungsverhältnisse, die erst nach Anlage der Seebäder sich gebessert haben. Amrum hat nur einen guten Hafen in Steenodde, der von alters her der Hafen der Insel ist. Durch ein vorliegendes Watt ist er geschützt; aber die Einfahrt ist namentlich bei Ebbezeit sehr schwierig, für Schiffe größeren Tiefgangs unmöglich. Die Ankerfläche ist nicht groß; aus diesem Grunde hat man gewiß auch davon abgesehen, Amrum zum Torpedobootshafen zu wählen. Nur draußen vor Wittdün liegen einige Tonnen für die Marine. Wittdün ist ein immerhin guter Ankerplatz für Lustfahrzeuge, der im Sommer viel benutzt wird. Der Ankerplatz im Kniphafen, der vor 40 Jahren noch von Blankeneser Schiffern benutzt wurde, hat heute kaum noch Bedeutung; in ihm ankern im Sommer die Norddorfer Lustkutter.

Vor 1890 lag gar kein Verkehrsbedürfnis vor. Der Insulaner lebte für sich und konnte seine Lebensbedürfnisse aus seinem

Erwerb unter Zuhilfenahme einer geringen Einfuhr bestreiten; Touristen gab es wenige. Zwei Verkehrslinien wurden regelmäßig benutzt: die Dampferverbindung von Steenodde über Wyk zum Festlande, früher mit Segelschiffen betrieben, und der Verbindungsweg durchs Watt nach Föhr, der zur Ebbezeit befahren oder begangen werden konnte. Der Verkehr nach Sylt und den Halligen wurde nach Bedarf mit Segelschiffen bewerkstelligt. Der Verkehr war rein lokal; Durchgangsverkehr fehlte. Bald nach Errichtung der Seebäder wurden zur bequemeren Erreichung der Reiseziele zwei neue Landungsbrücken erbaut, in Wittdün und in Norddorf, von denen die Norddorfer Brücke wegen der Verlängerung des Knipsandes später um 500 m weiter nach Norden verlegt werden mußte. So wurde Amrum von drei Seiten dem Verkehr zugänglich gemacht. Von den drei Verkehrslinien Norddorf—Hörnum, Norddorf—Watt—Föhr, Wittdün—Wyk—Festland ist nur die letztere auch im Winter von einiger Bedeutung. Dagegen ist nach Sylt im Winter keine Verbindung vorhanden, eine für den Touristen besonders bedauerliche Tatsache. Wer von Amrum nach Sylt will, muß im Winter den großen Umweg übers Festland machen und braucht dazu unter Umständen zwei bis drei Tage. Bei Frost und Eisgang kann es vorkommen, daß die Verbindung ganz unterbrochen ist. Den Verkehr mit dem Festlande vermitteln die Dampfer der Wyker Dampfschiffsreederei im Winter täglich, im Sommer meistens zweimal täglich. Von Norddorf aus erreicht man im Sommer mit den Dampfern der Hamburg-Amerika-Linie in einer halben Stunde Hörnum und hat dort Anschluß an die großen Dampferlinien nach Hamburg und Bremen. Zu den Halligen gelangt man im Sommer mit Dampfern oder Segelschiffen. Der Aufschwung des Verkehrs ist ausschließlich durch die veränderten wirtschaftlichen Verhältnisse bedingt. Sobald der Fremdenstrom abebbt, nimmt der Gesamtverkehr wieder ab.

Dem Verkehr auf der Insel dienen die wenigen Straßen. Die wichtigste ist die chaussierte Straße von Norddorf über Nebel nach Steenodde, welche die beiden Hauptdörfer mit dem Hafenplatz der Insel verbindet. Der Verkehr zwischen Wittdün und Steenodde vollzieht sich entweder per Schiff, für größere Güter, sonst unmittelbar am Wattstrande; wenn der Strandweg bei Flut unter Wasser ist, auf einem schlechten Weg am Rande der Marsch und Geest. Süddorf ist mit Nebel, Steenodde und Wittdün durch Feldwege verbunden. Von Wittdün aus vermittelt im Sommer die Inselbahn den Verkehr nach Nebel und Norddorf. Sie verbindet Wittdün mit der Landungsbrücke Norddorf; eine Zweiglinie, die vom Leuchtturm abgeht, geht während der Hochsaison hinaus zum Badestrand am Knipsand. Die Bahn ist im Besitze der Hamburg-Amerika-Linie. Früher gab es eine direkte Verbindung von Wittdün zum Knipsande durch die Dünen, die aber aufgegeben werden mußte, weil die Bahnlinie häufig durch Sturmfluten zerstört wurde und deshalb zu große Unterhaltungskosten erforderte.

Mit der Steigerung des Schiffsverkehrs sind die Schutzeinrichtungen für die Schiffahrt mehr und mehr vervollkommnet worden. Hervorragend organisiert ist das Seetonnen- und Seefeuerwesen. Durch eine gute Betonnung ist den Schiffen tagsüber der Weg durch die gefahrbringenden Sände gewiesen, und nachts ist durch eine ausgezeichnete Befeuerung die Navigierung gesichert. Auf Amrum befinden sich vier Feuer. Der Leuchtturm, 1872 erbaut, trägt ein Petroleumglühlichtfeuer, das eine Sichtweite von 21 Seemeilen hat. Das Norddorfer Feuer steht auf einer Düne 2 km südwestlich von Norddorf; es dient zusammen mit dem Leuchtturmfeuer und den Hörnumer Feuern der Navigierung durch das Vortraptief und speziell zur Ansegelung der Landungsbrücke von Norddorf. Von den beiden Hafenfeuern steht das eine (weiß) auf dem Ual Hööw, es weist die Schiffer zusammen mit dem Leuchtturmfeuer durch die Norderaue; das andere (rot) zeigt, mit dem Leuchtturmfeuer in Linie gehalten, die Einfahrt nach Wittdün.

Trotz der ausgezeichneten Betonnung und Befeuerung sind Schiffsunfälle in den Amringer Gewässern nicht selten. Das erklärt sich aus der großen Zahl der Sandbänke und der Häufigkeit des Nebels. Zur Rettung der Schiffbrüchigen wurde schon 1864 die erste Station gegründet. Heute gibt es drei Stationen, die mit vier Booten ausgerüstet sind: Station Amrum Süd mit den Booten „Emile Robin" und „Chemnitz", und die beiden Stationen Kniphafen und Amrum Nord mit den Booten „Elberfeld" und „Picker". An der Spitze des Rettungswesens auf

Amrum, das von der deutschen Gesellschaft zur Rettung Schiffbrüchiger geleitet wird, steht Kapitän Schmidt in Nebel, ihm zur Seite die beiden Vormänner der Stationen, Kapitän Quedens in Wittdün und Vormann Peters in Norddorf. Die Wohnungen der Genannten sind untereinander und mit dem Leuchtturm durch einen eigenen Fernsprecher verbunden, damit bei Schiffsunfällen unverzüglich Hilfe geleistet werden kann. Bis vor 20 Jahren befanden sich auf der Bake des Seesandes Proviant und Betten für Schiffbrüchige.

I. Die Siedlungen.

Es ist auf Grund der prähistorischen Funde anzunehmen, daß die Wohnungen des Menschen auf Amrum sich nur auf der Geest befunden haben. Denn auf den Marschen und Sänden sind bisher keine Reste von menschlichen Wohnungen gefunden worden. Das schließt allerdings die Möglichkeit nicht aus, daß auf den Marschen zwischen Föhr und Amrum Menschen gewohnt haben, und wir haben ohne weiteres kein Recht, die auf den Mejerschen Karten von 1643 verzeichneten Siedlungen zwischen Föhr und Amrum ins Reich der Phantasie zu verweisen. Es ist immerhin denkbar, daß auf den Marschen Siedlungen nach Art der Halligwarfen belegen waren, die den Sturmfluten zum Opfer gefallen sind.

Die uns bekannten und heute noch vorhandenen Siedlungen liegen sämtlich auf der Geest. Im Mittelalter kennen wir zwei Dörfer, die vermutlich Anlagen der Friesen sind: Norddorf und Süddorf. Die Zeit ihrer Gründung ist unbekannt. Als die Dörfer entstanden, war das Areal der Insel erheblich größer als heute. Zu Amrum gehörte noch ein weiter Marschenkomplex nach Westen und nach Föhr hinüber, der ein günstiges Weideland bot. Am Rande der Marsch entstand auf dem Abhang der Geest die Siedlung Norddorf des auf der Marsch Viehzucht, auf der Geest Ackerbau treibenden Volkes. In seiner Anlage erinnert Norddorf an die geographische Lage der Dörfer von Föhr. „Die Dörfer sind fast alle an der Grenze zwischen der Geest und der Marsch gebaut und haben dadurch eine dem Betrieb ihrer kleinen Landwirtschaft vorteilhafte

Lage."[1] Das bestimmende Moment zur Gründung Norddorfs war rein wirtschaftlicher Natur. An Einwohnerzahl war Norddorf bis vielleicht um die Mitte des 18. Jahrhunderts das größte Dorf der Insel. 1750 erst wurde das Pastorat in das jüngere Kirchdorf Nebel verlegt. Es war ein günstiger Umstand für Norddorf, daß die Gründer das Dorf an der Nordostecke des Diluviums angelegt hatten. Dadurch war es der Nähe der gespensterhaft vorrückenden Dünen weiter entrückt. Immerhin war für Norddorf die Gefahr, von den Dünen verschüttet zu werden und das gleiche Schicksal wie Altrantum auf Sylt zu erleiden, sehr groß. Erst mit der Einführung regelmäßiger Dünenbepflanzung wurde sie um 1800 endgültig beseitigt. Infolge des Durchbruches des Meeres bei den früheren Dünen am Risum hat Norddorf eine günstige Seelage erhalten, der es seinen Aufschwung während der letzten 20 Jahre verdankt.

Die zweite Siedlung aus der älteren Zeit ist Süddorf, mitten auf der Geest gelegen. Die Süddorfer bebauten den Süden der Insel. Unter beide Ortschaften war das ganze Land geteilt. Mit dem Wachstum Nebels ging Süddorf zurück. Es liegt verkehrsgeographisch sehr ungünstig und hat kaum noch eine größere Entwicklung zu erwarten.

In der Mitte der Insel liegt eingesenkt in einen Kessel die Kirche St. Clemens. Sie wird schon in sehr früher Zeit erwähnt und gehört zu den ältesten Kirchen in Nordfriesland. Um die Kirche siedelten sich, vielleicht im 16. Jahrhundert, Bewohner an und gründeten die „Neue Wohnstätte", Nebel. Heute ist Nebel der Mittelpunkt der Insel und der größte Ort. Es bleibt abzuwarten, ob in Jahrzehnten die beiden Seebäder den Hauptort werden überflügeln können.

1721 entstand die Ortschaft Steenodde: der Hafenplatz der Insel mit einer kleinen Schiffswerft und Gasthaus. Der Schiffsverkehr bedingte hier die Anlage einer Siedlung, die sich aber kaum weiter entwickeln wird.

Das jüngste Dorf ist Wittdün. Auf der Südostspitze 1890 als Badeort gegründet, unterscheidet es sich von den übrigen Dörfern dadurch, daß der Charakter des Friesischen

---

[1] Niemann, A., Handbuch der schlesw.-holst. Landes- und Volkskunde 1799 S. 111.

hier völlig abgestreift ist. Die Hotels und Logierhäuser sind ganz auf die Erfordernisse der Badegäste zugeschnitten. Dies erkennt man schon in der Bauart der Häuser.

In den alten Siedlungen herrscht das Friesenhaus vor. Nur wenige Bewohner haben in der Bauart ihrer Häuser von der Vätersitte abweichen müssen, weil ihre Wirtschaft oder Beruf ein modernes Wohnhaus erforderten. Das Friesenhaus zerfällt in zwei Teile, die Wohnung und die Wirtschaftsräume, die — unter einem Dach — durch eine schmale Diele miteinander verbunden sind. Die Wohnung[1], die aus Küche, Wohnstube, Kammer und Pesel besteht, liegt auf den Inseln meist nach der windgeschützten Seite, also nach Osten; auf der Westseite liegen die Wirtschaftsräume. In seiner geographischen Verbreitung erstreckt sich das Friesenhaus in der Provinz Schleswig-Holstein auf das gesamte nordfriesische Sprachgebiet. Es läßt sich nicht leugnen, daß das Friesenhaus auf den Inseln zurückgeht, da die Bewohner in der neuen Wirtschaftsform des Fremdengewerbes leben. Von der Entwicklung der Seebäder wird das Zurückgehen des Friesenhauses abhängen. Am interessantesten kann man bei Norddorf sehen, wie allmählich neben dem Friesenhause die vielen modernen Bauten aus dem Boden wachsen und das Bild der einst ganz friesischen Siedlung zu dem eines modernen Seebades umgestalten.

Die Entwicklung der Bäder und der große wirtschaftliche Aufschwung zeigt sich auch in der Zunahme der Bevölkerung, die die beiden folgenden Tabellen darstellen sollen. Die erste zeigt die Bewegung der Bevölkerung im 19. Jahrhundert bis zum Jahre 1890 und soll vor allem zahlenmäßig das ungünstige Bild des völkischen Lebens im vergangenen Jahrhundert, das oben geschildert wurde, ergänzen. Die zweite gibt die moderne Entwicklung der Ortschaften.

Einwohnerzahl von Amrum von 1801—1890.

Jahr	männlich	weiblich	zusammen	Jahr	männlich	weiblich	zusammen
1801	—	—	533	1880	308	359	667
1834	257	323	580	1885	—	—	657
1845	289	337	626	1890	293	405	698
1860	—	—	650				

---

[1] Schulz, A., Nordfries. Häuser, Mitteilg. des nordfries. Vereins, 1910—1911.

In den ersten Jahren des vergangenen Jahrhunderts stehen die Amringer im Dienste des Schiffergewerbes, das viele Opfer forderte. Durchschnittlich überragt daher die Zahl der weiblichen Bevölkerung die der Männer. Der abnorm hohe Unterschied im Jahre 1890 erklärt sich durch die Auswanderung vieler junger Männer nach Amerika in den achtziger Jahren. Insgesamt betrug die Bevölkerungszunahme in 90 Jahren 31% in bezug auf die Einwohnerzahl von 1801, also jährlich nur 0,3%.

Unter dem Einfluß der veränderten wirtschaftlichen Verhältnisse gestaltet sich das Bild der Bewegung der Bevölkerung in den Ortschaften folgendermaßen:

	Norddorf		Nebel		Süddorf[1]		Steenodde		Wittdün		Insel Amrum	
	Wohnhäuser	Einwohner	Wohnhäuser	Einwohner	Wohnhäuser	Einwohner	Wohnhäuser	Einwohner	Wohnhäuser	Einwohner	Wohnhäuser	Einwohner
1890	40	158	92	357	28	131	5	22	1	0	166	668
1900	46	174	102	437	31	146	10	57	26	109	215	923
1905	53	187	108	458	32	148	11	59	32	137	236	989
1910	64	225	101	440	31	129	11	40	34	138	241	972

Der Zuwachs ist bei Norddorf und Wittdün offensichtlich. Von den 75 neuerbauten Häusern entfallen 57 auf die beiden Badeorte. Die Einwohnerzahl ist in allen am Fremdengewerbe beteiligten Orten gestiegen. Am größten ist die Zunahme in Wittdün; es folgen Nebel, Norddorf und Steenodde. Der Prozentziffer nach ist die Reihenfolge: Wittdün, Steenodde, Norddorf, Nebel. An Einwohnerzahl zurückgegangen ist nur Süddorf.

---

[1] Inkl. Satteldüne und Leuchtturmdüne.